CHILDREN'S ENCYCLOPEDIA OF THE EARTH

儿童地球大百科

卜翔宇　编著

北京工艺美术出版社

图书在版编目（CIP）数据

儿童地球大百科/卜翔宇编著. — 北京：北京工艺美术出版社，2021.8
（儿童百科全书）
ISBN 978-7-5140-2224-7

Ⅰ.①儿… Ⅱ.①卜… Ⅲ.①地球－儿童读物 Ⅳ.①P183-49

中国版本图书馆CIP数据核字（2021）第037232号

出 版 人：陈高潮
责任编辑：张怀林 刘 艳
封面设计：李 荣
装帧设计：孙志强
责任印制：高 岩

法律顾问：北京恒理律师事务所 丁 玲 张馨瑜

儿童百科全书
儿童地球大百科
卜翔宇 编著

出 版 北京工艺美术出版社
发 行 北京美联京工图书有限公司
地 址 北京市朝阳区焦化路甲18号
中国北京出版创意产业基地先导区
邮 编 100124
电 话 （010）84255105（总编室）
（010）64283630（编辑室）
（010）64280045（发 行）
传 真 （010）64280045/84255105
网 址 www.gmcbs.cn
经 销 全国新华书店
印 刷 天津联城印刷有限公司
开 本 889毫米×1194毫米 1/16
印 张 16
版 次 2021年8月第1版
印 次 2021年8月第1次印刷
印 数 1~10000
书 号 ISBN 978-7-5140-2224-7
定 价 198.00元

目录

神秘的地球

大地的杰作

魔幻的大自然

海洋的面纱

生物总动员

向宇宙进发

前言

地球是人类的家园，万物生灵的栖息地；它飘在宇宙，从一个奇点开始，犹如一粒尘埃，汇聚成巨大的星体。千百年来，人类对地球的探索从未止步。

穿越广袤无垠的大地，潜入宽阔幽深的海洋，涉足遥远的外太空，人类在不断地征服自然，改造世界，也不断地完善认知，超越自我。一代代的先驱书写传承着地球这部鸿篇巨制，地球母亲神秘的面纱被一点点地掀开，那些隐秘的世界角落的面目逐渐变得清晰起来。如今，人们通过一个小小的地球仪，转瞬之间就可以轻松玩转这个庞大的星体；孩子们拿在手中的地球拼图游戏，也可以精准地摆放非洲大陆和百慕大三角的位置。

在本书中，我们通过精美的图片和简洁的文字，详细介绍了地球的构造与46亿年的衍进过程，揭秘地球隐藏的秘密，细致呈现了蔚蓝星球千姿百态的地理景观。我们力求做到专业知识科学严谨，文字图片生动形象，图文并茂，通俗易懂。

目前，关于地球和生命还有很多未解之谜，比如地球为什么这么巧就形成了生命？生命为什么在地球上存在几十亿年？生命为什么能够向着更高级进化？地球上的人类是否是宇宙中的唯一？为什么地球所在的空间环境可以这么安全？等等。这些谜题还等待着我们去不断地探索解开。本书正是为未来的探索所做的最基础的知识普及和铺垫。

神秘的地球

茫茫宇宙，星汉灿烂，有一个孕育原始生命的蓝色星体，它就是地球。地球是太阳系大家族中的八大行星之一，按照离太阳远近的次序排位第三。地球能成为一颗生态星球，比宇宙中其他行星更加神秘。

给地球照张相

随着现代科技的发展，宇航员可以从太空看到自己的“家”，并且通过飞船上的相机，拍下最珍贵的镜头——地球的全身像。从太空视角看地球，会给人更深的触动。浩瀚宇宙，蔚蓝星球，这就是我们的家园。地球是一个两极稍扁、赤道略鼓的球体，被一层浓厚的大气包围着，表面有美丽的山川、森林、海洋、岛屿、大陆。

地球的诞生

地球是我们熟悉而亲切的“家”。人们从太空遥望，看到的景象是：淡蓝色的海洋，白雪覆盖的黛青山脉，广阔平坦的绿色大地。大家对于地球都非常好奇，那么地球是如何诞生的呢？

神话传说——盘古开天辟地

盘古是一个虚构的神话人物，在中国民间神话传说中，具有无尚崇高的地位。传说中的盘古力大无穷，曾经在一个小小的“鸡蛋”中沉睡了一万八千多年。有一天，他猛然间醒了，在漆黑一片的蛋壳内，他感到十分憋闷、呼吸困难。他勃然大怒，随手抄起一把巨大而锋利的斧头，使出浑身力气，大吼一声，奋力挥舞开来。由此，天地形成，并一天天地扩展开来。盘古死后，他的四肢和躯体变成了三山五岳，它的眼睛和头发变成了日月星辰。

宇宙大爆炸

宇宙大爆炸假说由美国科学家伽莫夫等人于20世纪40年代正式提出。150亿至200亿年前，所有的物质高度集中在一点的宇宙出现爆炸，空间逐渐膨胀，形成了当前的宇宙。在大爆炸后形成了地球，地球上又出现了新的进化。

起源于原始太阳星云

大约46亿年前，太阳随宇宙一起诞生了，尘埃和气体在太阳周围旋转着。在引力的作用下，尘埃开始聚集成团，形成了大大小小的众多小行星。其中，有一个小星球与太阳保持着最佳的距离，适宜万物生长，它就是原始的地球，它是由尘埃粒子和岩石组成的。

地球年龄探秘

每过一年，我们都要长大一岁，相较于人类，地球的年龄要以亿年来计算。从诞生开始，地球的年龄至少有46亿年了。

▲ 新生代

沧海桑田的巨变

▲ 中生代

地球先后经历了太古代、元古代、古生代、中生代、新生代五个时期的演化。太古代：地球刚诞生，一片汪洋覆盖全球，没有陆地。元古代：出现陆地的雏形，晚期欧亚板块开始分离，单细胞的浮游生物现身海洋。古生代：基本形成欧亚大陆七大板块，产生藻类、低等无脊椎动物和少量植物。中生代：天气形成，恐龙主宰地球，动植物大量产生和繁殖。新生代：规律化的自然天气影响地球，人类成为地球的主人。

▲ 古生代

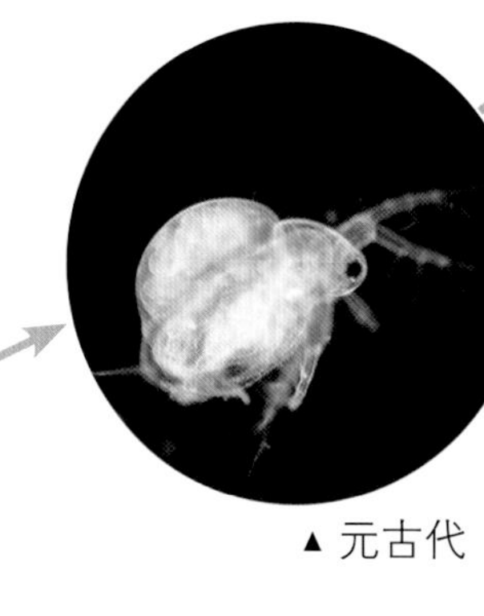

▲ 元古代

▲ 太古代

地球历史两大阶段

在有文字记载之前，地球有相当漫长的岩层时期。学术界一般以46亿年为界限，将地球历史分为两大阶段。46亿年以前称为“天文时期”，46亿年以后称为“地质时期”。地质时期是地史学研究的主要时期。

同位素测定法

地壳中普遍存在微量的放射性元素，它们的原子核能自动放出某些粒子而变成其他元素，这种现象被称作放射性衰变。放射性元素衰变的速度不受外界物理化学条件的影响，而始终保持稳定。用同样的方法推算各类陨石以及“阿波罗”宇航员从月球上取回的月岩的年龄。结果，它们的年龄都是45亿至46亿年。这说明太阳系中这些天体是同时形成的，也证明同位素地质测定法测定的地球年龄是准确的。

化石刻写历史

46亿年里，地球上还繁衍了各种各样的生命，其中大多数的生命都已经灭绝了，但它们的遗留物有一部分在岩层中保留了下来，形成了化石。地质学家正是通过对岩层和化石的研究，更加深入地了解地球历史的。在不同时期，世界各地发现的恐龙化石对研究地球的演化进程尤其重要。

恐龙时代

在地球的演化史上，中生代也可以称为恐龙时代。恐龙作为那个时代的霸主，在地球的生命进化史册上，写下了灿烂辉煌的一页。恐龙跨越三叠纪、侏罗纪、白垩纪，时间跨度长达1.75亿年。在中生代岩层中埋藏的片片恐龙化石，为我们静静讲述着那个久远年代的传奇。

海陆变迁

海陆变迁是指地球表面的变化运动，是一种自然现象，曾经的海洋变为陆地，或者整块的陆地被分割成几个大陆。造成海陆变迁的原因主要是地壳运动和海平面升降，填海造陆等人类活动的影响也是原因之一。

大陆漂移学说

大陆漂移学说是分析阐释地壳变动和海陆分布、演变的学说。由德国科学家阿尔弗雷德·魏格纳于1912年正式提出，他在1915年发表的《海陆的起源》一书中对此学说作了论证。大陆漂移学说认为，地球上所有大陆在中生代以前曾经是一个统一的巨大陆块，被称为泛大陆或联合古陆，在中生代开始分裂并漂移，分裂后的各陆块逐渐达到现在的位置。

海底扩张学说

海底扩张学说是大陆漂移学说的进一步发展和补充。海洋从原始的形态演变成今天的模样，高热流的地幔物质沿大洋中脊的裂谷上升的运动一直在缓慢进行着，不断有新的洋壳产生。同时，以大洋脊为界，背道而驰的地幔流带动洋壳逐渐向两侧扩张，而大陆则由不同时代的陆块不断裂解、拼合和增生而形成。

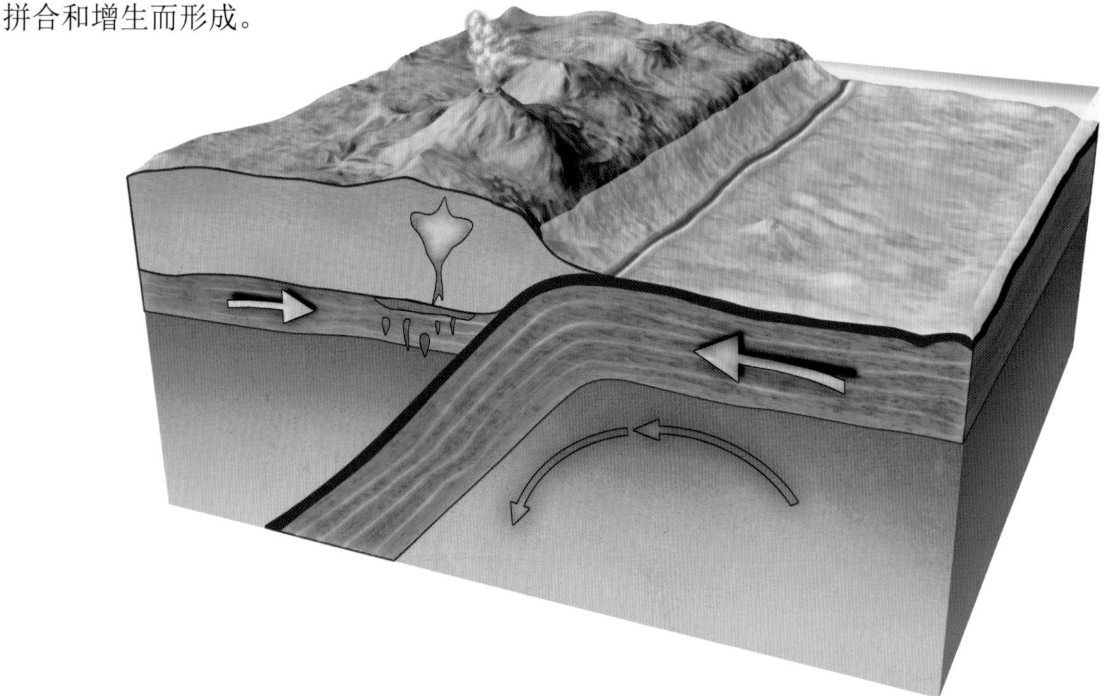

板块构造学说

板块构造学说产生的基础是大陆漂移学说和海底扩张学说。板块构造学说认为，岩石圈的构造单元是板块，全球被划分为欧亚板块、太平洋板块、美洲板块（北美板块、南美板块）、非洲板块、印澳板块（印度洋板块、澳大利亚板块）和南极板块等六大板块。其中太平洋板块几乎完全是海洋，其余五大板块都包括大块陆地和大面积海洋。大板块还可划分成若干次一级的小板块。

地貌的形成

地球表面各种地貌的形成来自内外两个作用力，内力作用主要来自各板块移动，彼此碰撞分裂而形成的冲击力。内力作用的外在表现形式不同，由此形成海洋、裂谷和山脉。同时，外力作用则通过风化、侵蚀、搬运、沉积、固结等塑造地表，使地表趋于平衡。

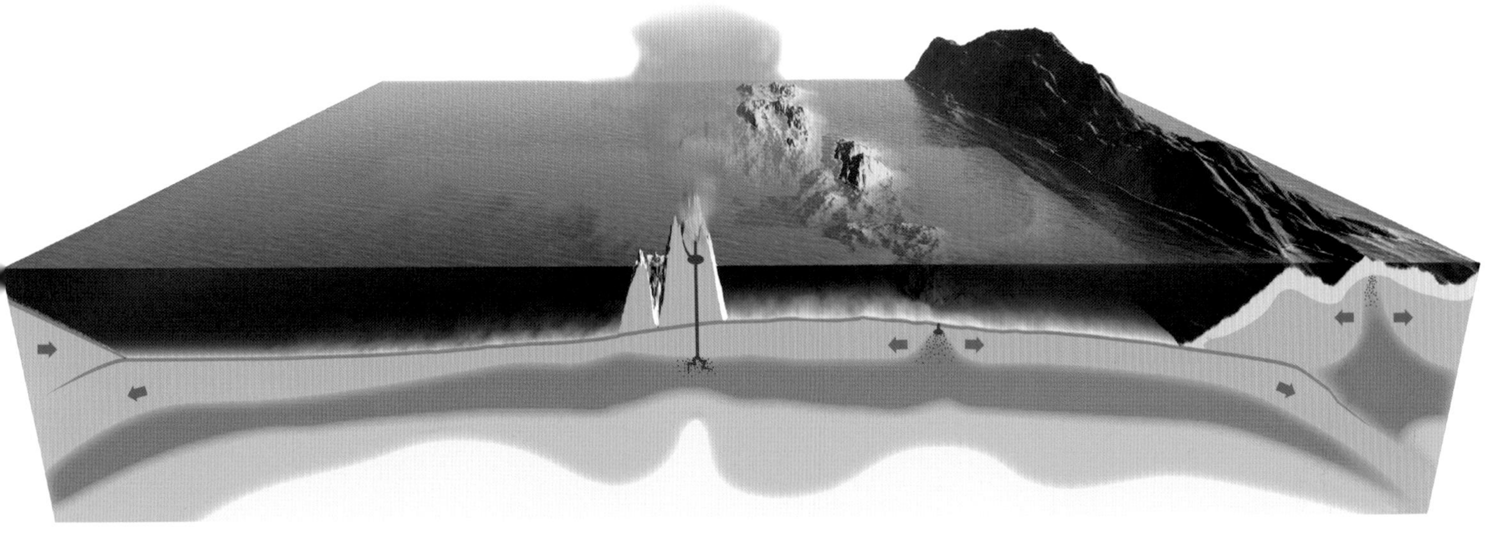

坚硬的“石头”

覆盖在原始地壳上坚硬巨大的石头，地质学上叫作地层。地层好比记录地球历史的一本书，地层中的岩石和化石就像这本书的文字。其内部隐含的秘密能够让人类探测到地球历史的密码。

陆地环境组成——岩石

陆地是地球表面的固体部分，是地表上未被海洋淹没的部分。包括大陆、岛屿、半岛和地峡，约占地球表面积的1/3。全球有欧亚大陆、非洲大陆、北美洲大陆、南美洲大陆、澳大利亚大陆和南极洲大陆等。岩石是陆地环境组成的主体，是构成地貌、土壤的根基，是生命赖以生存的重要物质基础，小到河床、沙漠等地的沙石，大到壁立千仞、奇峰耸立的山岳，它无处不在。

岩层

岩层主要有石灰岩、泥质灰岩、泥质页岩、页岩、花岗岩等。

▲ 花岗岩

▲ 石灰岩

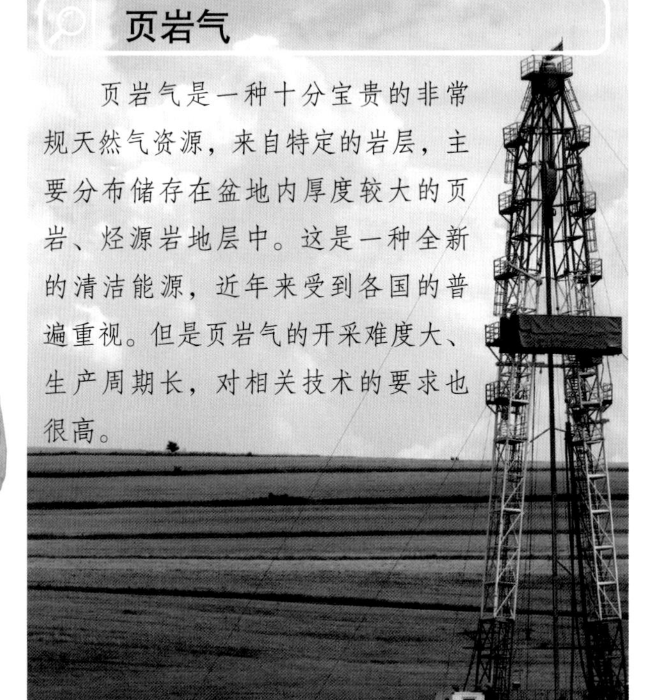

页岩气

页岩气是一种十分宝贵的非常规天然气资源，来自特定的岩层，主要分布储存在盆地内厚度较大的页岩、烃源岩地层中。这是一种全新的清洁能源，近年来受到各国的普遍重视。但是页岩气的开采难度大、生产周期长，对相关技术的要求也很高。

化石

化石是远古时代动物或者植物的遗骸和遗迹，这些物质被深埋保存在地壳的岩石中，经过久远的年代和频繁的地质运动变化过程，被周遭沉积物的矿物质渗入取代，沉积下来就形成了化石。许多化石也被覆盖在上面的岩石压平。

峡谷是狭而深的山谷，多出现于新构造运动抬升激烈和垂直节理发育的结晶岩山区，常因河流强烈下切而形成。谷壁陡峭，横剖面常呈“V”字形。

地球结构的秘密

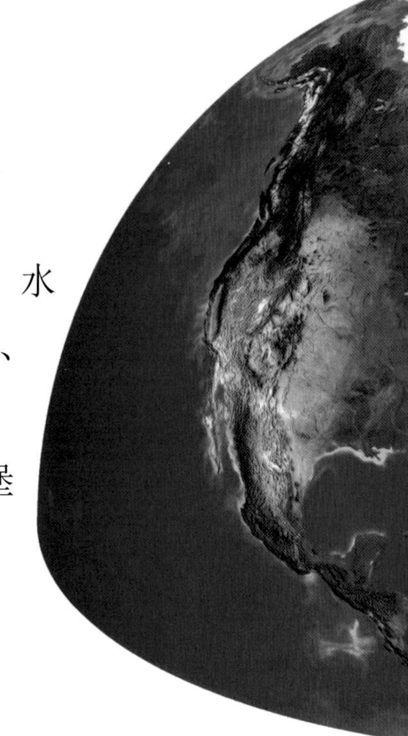

地球外部结构为地球外圈，分为四圈层，即大气圈、水圈、生物圈和岩石圈。地球内部分为三个同心球层：地核、地幔和地壳。中心层是地核，中间是地幔，外层是地壳。地壳与地幔之间由莫霍面界开，地幔与地核之间由古登堡面界开。

地壳

地壳，形象地讲就是地球的外壳，处于地球的最表层，它是地球上绝大多数生灵的栖息地，是人类生存和从事各种生产活动的场所。地壳是整个地层中最薄的一层，由多组断裂的、大小不等的陆地板块构成。

地壳

地幔

地幔处于地核和地壳中间，在组成地球内部的三大层级中，地幔是体积、质量最大的一层，由上地幔和下地幔组成，主要由致密的造岩物质构成。

地核

地核是地球最原始的物质沉积，形成在漫长的地球运动过程中，地核主要由铁、镍物质组成。近年来的进一步研究发现，在地核的高压下，纯铁、镍的密度偏高，据推测地核最合理的物质组成应是铁、镍及少量的硅、硫等轻元素组成的合金。

地核

地球仪和经纬线

茫茫的大海中如果发生海难，救援者怎样确定遇难者发出的求救信号的位置？为此，人类发明了地球仪和经纬线。人们能够在地球仪和地图上运用纬线和纬度、经线和经度准确地定位。

地球仪

地球仪是展示地球形状的模型，主要是为了方便人们认识地球，学习地理知识。它是仿照地球的外形，按照地球上的地理位置，依照一定的比例缩小后制成的模型。

经纬线是画出来的

经纬线是标注在地球仪和地图上，为了方便在地球上确定具体方位的指示线。连接南北两极的线叫经线，和经线相垂直的线叫纬线。纬线是一圈圈长度不等的圆圈，最长的纬线就是赤道。

子午线

在地球上，指明南北方向的叫经线，也叫子午线。经线同所有纬线垂直相交，每条经线的长度大致相等。

纬线

在地球上，纬线和经线相垂直，分别指示东西和南北方向。纬线由一串串长度不等的圆圈组成，并且相互平行排列，其中与南北两极距离相等的最大的圆圈就是赤道。

经纬网

经纬网由经线和纬线相互交汇而成，在地球上，任何一个方位都能找出对应的经纬线，都能画一条经线和一条与经线垂直的纬线。

地球的运动

地球在做自转和公转的同时，还在绕着银河系的中心旋转。银河系在总星系中又是运动的，所以作为银河系里的一部分，地球在自转、公转、绕银河系转动的同时还要随着银河系一起运动。

地球的自转

所谓地球的自转就是地球围绕地轴的自我旋转运动，自转的方向由西向东。在南、北两极上空，分别呈现顺时针和逆时针旋转。地球自转产生了昼夜更替，昼夜更替使地球表面的温度不至于太高或太低，适合人类生存。地球自转是地球的一种重要运动形式，天空中各种天体东升西落的现象都是地球自转的反映。

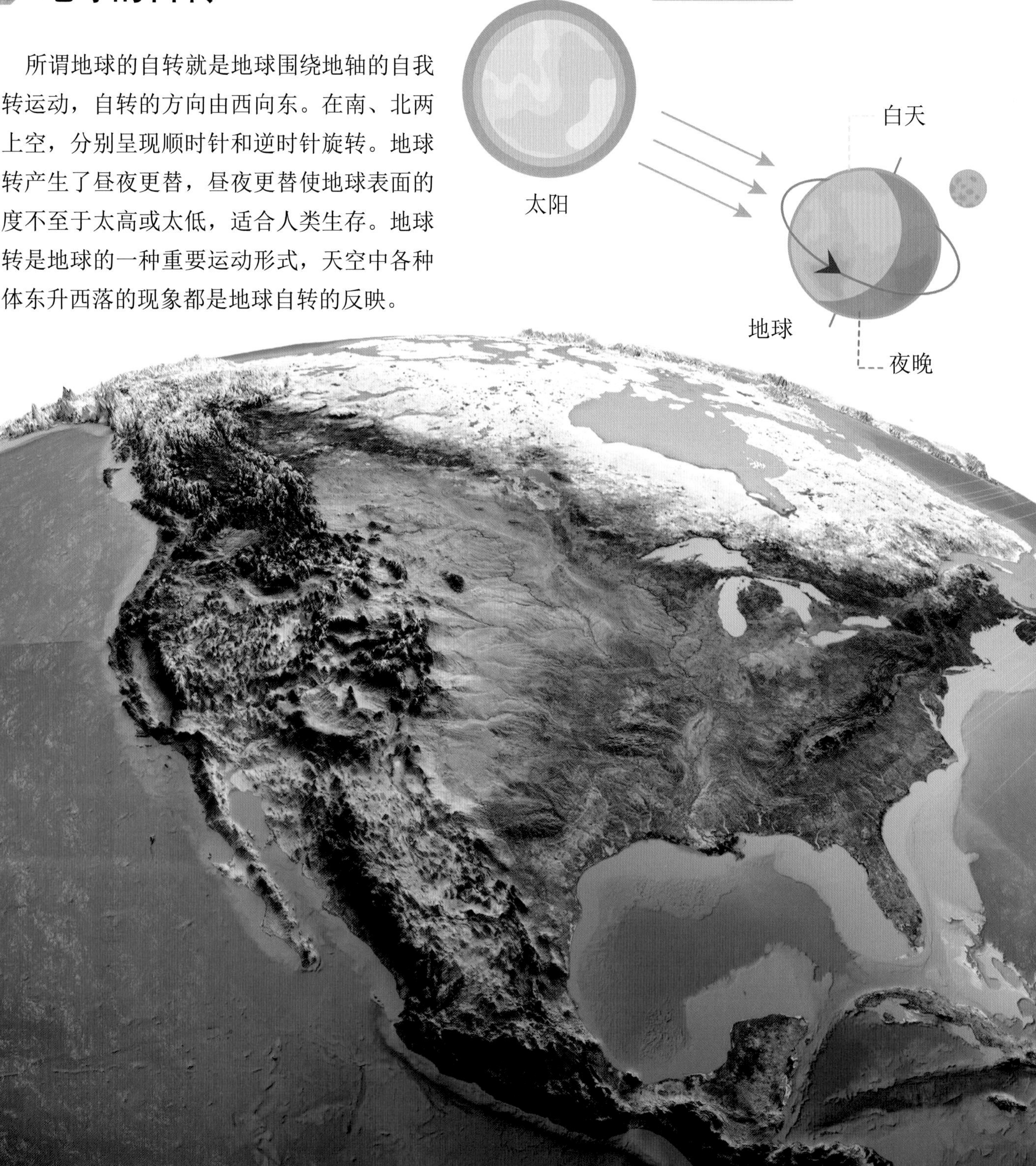

地球的公转

地球围绕太阳的转动叫作地球的公转，地球公转是有序的，沿着一定的轨道，在太阳系内运行。地球公转是一种周期性的圆周运动，公转速度与日地距离有关。每年1月3日，地球运行到离太阳最近的位置，这个位置称为近日点；7月4日，地球运行到距离太阳最远的位置，这个位置称为远日点。地球公转的方向也是自西向东，公转一周的时间为一年。在近日点时公转速度较快，在远日点时较慢。

稳定的外部环境

至少从目前来看，地球是银河系内唯一有生命存在和繁衍的类地行星，这与地球所处的宇宙环境以及地球本身的条件有密切的关系。太阳没有明显的变化，地球所处的光照条件一直比较稳定；在地球附近的星际空间里，大小行星绕日公转方向一致，且绕日公转轨道面几乎在同一个平面上。大小行星各行其道，互不干扰，使地球处于比较安全的宇宙环境之中。

地球的季节

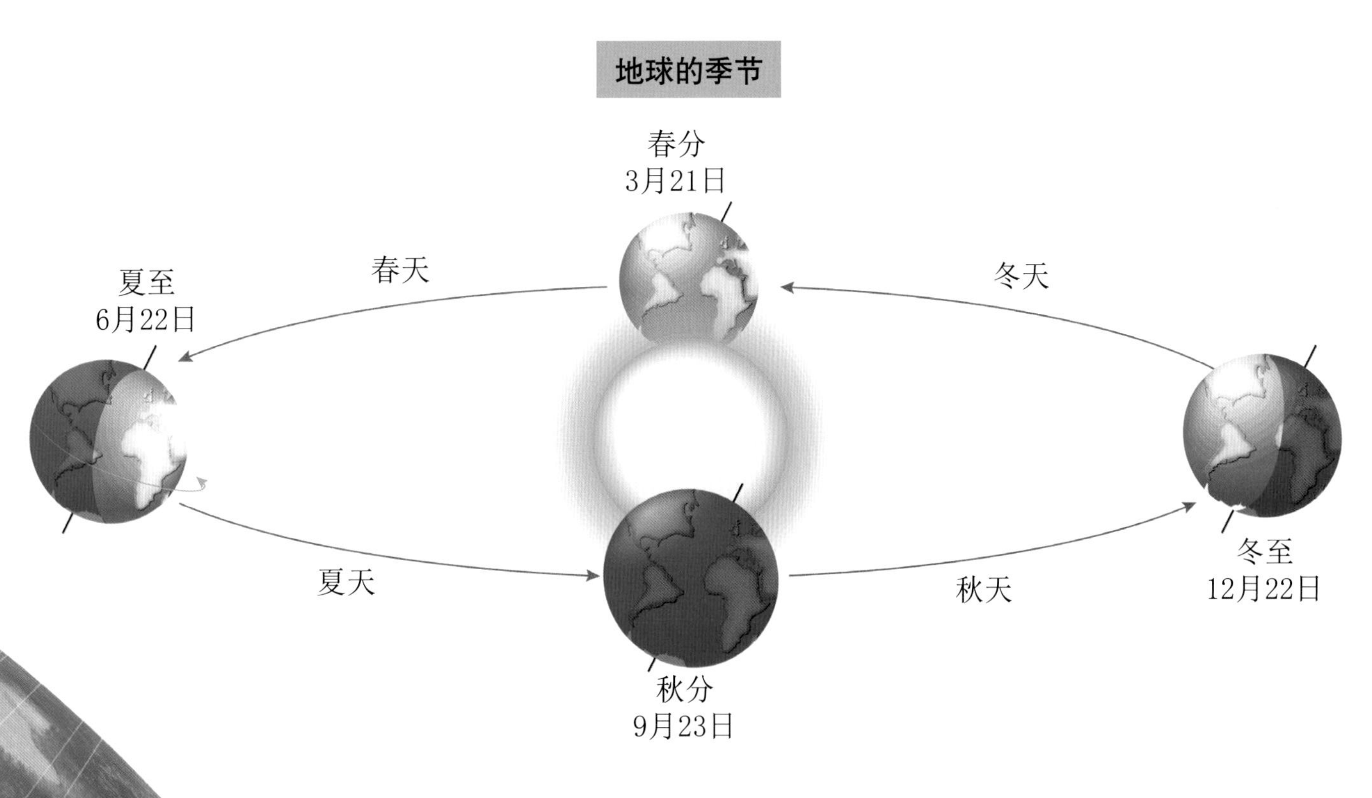

宜居的内部环境

地球恰好处在太阳系内最适宜居住的地带，地球距离太阳约1.5亿千米，这个距离使太阳传递给地球的温度恰到好处，地球上的温度正好允许了液态水的存在。地球的体积和质量适中，其引力可以使大量气体聚集在地球周围，形成包围地球的大气层。地球内部放射性元素的衰变和物质的运动等，形成了原始大洋，从而产生了孕育生命的摇篮。

永不停息的地球

在人类的眼中，没有什么比脚下的大地更加坚固；也没有什么能比陆地上的高山和广袤的大海更加永恒。可事实上，我们脚下的地球是一个非常活跃好动的天体。

涌动的岩浆之海

地球表面覆盖了一层薄薄的岩石地壳，地核主要由铁元素构成。在地壳与地核之间是温度极高的地幔区域，高温熔融的岩浆海就在其中缓缓地流动着。

缓慢进行的板块运动

地壳由巨大的陆地板块与海洋构成，地幔的运动不断改变着地壳的板块结构，时刻进行着地壳上的各种运动。地幔运动有时会表现为地震爆发和火山喷发等能量的释放，从而被地表上的生物所感知到，但大部分运动是缓慢进行的，人们的眼睛发现不了。

山呼海啸

在大陆板块和海洋板块的内应力作用下，板块之间相互碰撞的地带或者新的海底地壳诞生的地方，经常会有剧烈的火山喷发与岩浆涌出地表。大地不断遭受侵蚀——流水、冰雪、空气渐渐地侵蚀着地球表面。有时平静的大地会突然发生地震，造成地面爆裂、骤变；时有火山爆发，火山喷发后，灼热的熔岩倾泻到地面上。

山川巨变

地球自诞生以来永不停息地变动着，经过亿万年的变迁，山脉高高地隆起或者下沉，海洋吞噬了陆地，复又吐出，创造出了新土地。冰川冲刷大地，开凿出溪谷。山川巨变使地球演变成了今天这个盛满生命的摇篮。

解密地球三次大冰期

大冰期是指地球地质历史时期中的寒冷期。全球平均气温很低，冰川覆盖面积从极地到高、中、低纬度地区，冰川地质作用十分强烈。地球地质时期总共经历了三次大冰期。冰川从极地几乎延伸至赤道，整个地球被厚厚的冰层覆盖。

三次大冰期

大冰期、冰期、间冰期地质时间单位，都是依据气候特征划分的。在地球历史上，地质时期总共经历了三次大冰期，分别是距今约6亿年前新元古代晚期大冰期、距今约2.5亿年前的石炭纪至二叠纪大冰期和距今约200万年前的第四纪大冰期。两次大冰期之间大约间隔3亿年时间，这一时期相对温暖，称为“大间冰期”。

动物灭绝之谜

人们通常把地质年代的大冰期形象地称为冰河世纪，在中生代的冰河世纪，恐龙在严酷的极寒环境下灭绝了。但是这只是关于恐龙灭绝之谜的一种推断，事实上，科学家们对于冰河世纪物种灭绝之谜的探索从未停止，对于灭绝之谜，也一直存在着一些争议。

灭绝与新生

冰河期促进了旧物种的灭绝、新物种的产生与进化。冰河期来临，世界气候整体变干、变冷，大量的水以冰雪的形式存在，海平面下降，陆地面积扩大，森林面积缩小，这是地球演进不可缺少的自然因素。冰河期过后，万物再度繁荣。

天文因素

科学家们认为，在浩瀚无垠的银河系宇宙空间内，存在着疏密不同的空间物质环境。太阳系每隔一段时期就会穿越星际物质的稠密地段，太阳发射到地球的温度受阻，光热辐射效应减弱，地球接受的太阳能量变少，因而出现冰河世纪。也有学者认为，太阳运行到距银河系中心最近时，亮度也会变小，使行星变冷。太阳绕银河系一周的公转周期大约是2.2亿年，太阳绕银河系公转一周，行星会变冷一次。由于地球表面多水，在这一周期到来时便会产生一次大冰期。

磁性的地球

海龟、鲸鱼等在汪洋大海中迁徙几千千米还能精确定位，信鸽从遥远的地方飞回而不迷失方向，这些动物是怎么做到的呢？科学家们发现，上述动物能通过感知地球所产生的磁场来辨别方向。人类也利用能感知地球磁场的物质发明指南针来辨别方向。那么，地球磁场究竟是什么物质？地球的磁场是如何产生的呢？它的作用又是什么呢？

地球——巨大的“磁铁”

从物理学上讲，地球本身就是一个巨大的磁铁。地球的磁性来自地核运动产生的电流，因为电可以生成磁，所以就会产生磁场。人类就生活在这样一块“磁铁”之上，其所产生的地磁场就像一张无形的网一样环绕着地球。

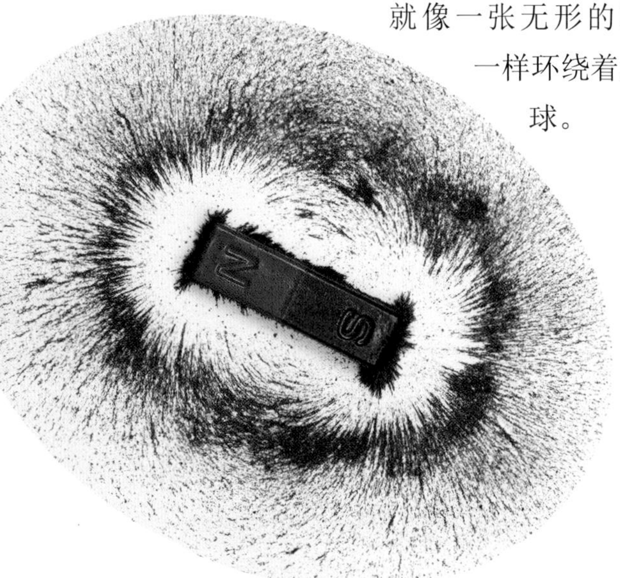

发电机理论

发电机理论起源于20世纪40年代。该理论的主要论点是：地球包括其他有磁场的天体，之所以产生了磁场，都是由天体内部的铁、镍流体的流动造成的。变化的电场产生磁场，地球内部带电的液态铁流体的非稳态对流，导致了地磁场的出现。这是目前研究最多，也是最科学的理论。

奥斯特与发电机

1820年，丹麦物理学家奥斯特偶然发现：当导体中通过电流时，它旁边的磁针发生了偏转，之后他又做了许多实验，终于证实了电流的周围存在磁场。他是世界上第一个发现电与磁之间联系的人。英国物理学家法拉第经过10年的探索，在1831年取得突破，发现了利用磁场产生电流的条件和规律。法拉第的发现，进一步揭示了电现象和磁现象之间的联系。根据这个发现，他后来发明了发电机，使人类大规模用电成为可能，开启了电气化时代。

磁场传感器

能够把磁场信号转化为电信号的装置叫作磁场传感器。磁场传感器分为三大类：指南针、磁场感应器、位置传感器。其中，电脑硬盘、家用电器等，都是生活中常用的磁场传感器。

磁场与人体

人们都知道，辐射对人体有伤害，磁疗对人体有保健作用，那么磁场对人体到底有什么影响？科学研究发现，在地球南极和北极之间有一个大而弱的磁场，如果人体长期顺着地磁的南北方向，可使人体器官有序化，调整和增进器官功能。所以，人睡觉最好顺着南北方向，是有一定的科学依据的。

地球“保护伞”

地球由被称为大气层的气体层包围着，这就保护了它免受致命的辐射和流星的伤害。大气层也像毯子一样保持着地球温度的稳定。

大气层

大气层又叫作大气圈，是地球的外衣和保护伞。大气层的主要成分有氮气、氧气、氩气，还有少量的二氧化碳、稀有气体和水蒸气。大气层的空气密度随高度而减小，越高空气越稀薄。大气层的厚度在1000千米以上，但没有明显的界限。整个大气层随高度不同表现出不同的特点，分为对流层、平流层、臭氧层、中间层、热层和外层（散逸层）。

对流层

电离层

电离层是离地面60千米以上、1000千米以下的空间，这里聚集了大量的带电微粒。电离层能挡住无线电波中的短波，使它折回地面。如果没有它，这些无线电波就会逃到太空中，导致地球上电台的短波广播无法进行，无线电通信也会中断。

对流层位于大气的最低层，从海平面开始向高空伸展，直至对流层顶，即平流层的起点为止。平均厚度约为12千米，是大气中最稠密的一层。大气中的水汽几乎都集中于此，是展示风云变幻的“大舞台”，刮风、下雨、降雪等天气现象都是发生在对流层内。对流层最显著的特点是有强烈的对流运动。

平流层

对流层上面的大气层叫作平流层，它在高于海平面12～50千米处，此层对流现象明显衰减，几乎没有水汽，天气状况平稳，通常晴朗无云，适宜飞机航行。特别是平流层内的臭氧层，能够阻挡太阳紫外线及高能粒子对地球生物的辐射，罩护着地球上的生物。

中间层

从平流层顶端至离海平面85千米的空间大气层叫作中间层，此层对流活动强劲频繁。组成该层的主要物质是氮气和氧气，几乎没有臭氧。在中间层60千米以上的高度，有一个只有在白天出现的电离层，叫作D层。

热层

地球上一些震撼人心的天文现象，比如极光和流星雨，一般都发生在哪里？科学家对此给出了答案。在中间层之上，距离海平面大概85～500千米的空间，叫作热层。这层内经常会出现包括极光、流星雨等许多有趣的天文现象。

外层（500～10000千米）
热层（85～500千米）
中间层（50～85千米）
平流层（12～50千米）
流层（0～12千米）

外层

大气层向星际空间过渡的区域是大气外层（散逸层），此层延伸至距海平面1000千米处，并向上无边界地漫延，这里的空气非常稀薄。

飞机一般在哪个层飞

飞机一般都会在平流层飞行，这里空气平缓，高度适中，密度较小，水汽也比较少，可以更好地反射无线短波。并且大部分都是平流运动，最让人担心的风云雨雪等影响视野的天气在这里也是不存在的。

形形色色的气候

由于地球上有水、陆分布的差异，地形高低的不同，地面植物状况也不一样，所以，世界上的气候是千变万化、形形色色的。影响气候形成的因素也是多种多样的，就算是在同一个气候带中各地的气候也不一样。

五个气候带

寒带
亚寒带
温带
亚热带
热带
赤道带

根据气候要素的南北分布特点，划分出的带状气候区就是气候带。气候带的分布很有规律，它们的排列与纬线平行，而且南北半球对称。五个气候带即热带、南温带、北温带、南寒带、北寒带。

太阳光热决定气候

把世界气候划分为五个气候带是最基本的划分方法。一个地方获得太阳光热的多少，对气候的形成具有决定性的影响。纬度越低，气温越高；纬度越高，气温越低。

热带

热带处于赤道两侧，南北回归线之间，约占全球总面积的40%，终年高温炎热。在赤道两侧，全年昼夜等长；夏天漫长，没有冬季，春秋季短暂。热带雨林气候终年高温多雨，热带沙漠气候终年高温少雨。

温带

温带是地球上的中纬度地带，处于南、北回归线和南、北极圈之间，南、北温带的总面积占全球总面积的一半以上。温带内太阳高度变化很大，随纬度增高，太阳高度逐渐减小。太阳高度一年之中有一次由大到小的变化，气温也随之出现一高一低的变化。太阳高度和昼夜长短的变化非常显著，所以四季分明是温带的特点。

温室效应

温室效应也叫作“花房效应”，主要是指大气保温效应。由于人类过多燃烧煤炭、石油和天然气，释放出大量的二氧化碳气体进入大气，导致地球表面变热，进而引发温室效应。因此，减少碳排放有利于改善温室效应状况。

寒带

寒带占全球总面积的不到10%，环绕南北极中心区域，以极圈为边界。一年之内，寒带太阳高度都很小。极昼和极夜现象随纬度的增高愈加显著。极昼时期由于太阳高度很低，地面获得热量很少，极夜时期，地面没有太阳辐射。

一年的四季轮回

一年分春、夏、秋、冬四个季节，夏季最热，冬季最冷，而春季和秋季相对温和。为什么一年之中，四季的气温会有如此的差异呢？

四季如何形成？

地轴与地球的轨道平面并不是垂直的，在其轴线上倾斜大约23.4°。因此造成了地球上一年四季的交替。当北极向太阳倾斜时，北半球经历夏季，中午太阳高挂天空。在冬天，北极是倾斜远离太阳的，中午太阳在天空中的高度并没有那么高。

四季的划分标准

对于四季的划分也有不同的标准。天文上以春分、夏至、秋分、冬至作为各季开始。我国民间还有以阴历一、二、三月为春，四、五、六月为夏，七、八、九月为秋，十、十一、十二月为冬的划分法。气候学上以具有相似气候特征的天气时段来划分四季，称为自然天气季节划分法。这样划分的四季，长短因时因地而异。

四季交替

地球围绕太阳公转的位置不同，决定着南北半球接受太阳辐射的角度不同，显著影响着当地的温度变化。当北半球进入寒冷的冬季，南半球则是炎热的夏季，一年四季依次循环。同时，地球的椭圆轨道和它的轴的倾斜导致太阳每天以不同的速度穿过天空的不同路径。这给了我们每天不同的日出和日落时间。夏至一过，你就会发现白天开始变短了。这种趋势一直持续到冬至，冬至是一年中白天最短的一天。冬至后，白天逐渐变长，直到夏至，日复一日，年复一年。

大地的杰作

地球是万物生灵的母亲，山川是臂弯，江河是乳汁，植物、动物是孩子。四季是大自然的一部乐章，花草是序曲，树木是音符，风霜、雨雪是主旋律。大地的杰作，生动地描绘着千百万年的波澜壮阔，静默地守候着地球的沧桑巨变。

大地的舞台——高原

地球地壳长期连续的抬升活动，形成大面积完整的隆起地区，这就是高原。高原地域辽阔、地形宽广，周边以陡坡为界。一般海拔在1000米以上，它被形象地喻为“大地的舞台”。

青藏高原

青藏高原应该是地球上最年轻的高原。它是印度板块和亚洲板块强烈的地质构造运动的结果，4000多万年的演化造就了当今地球上的青藏高原。青藏高原平均海拔4000米以上，为东亚、东南亚和南亚许多大河的发源地。

巴西高原

巴西高原是世界上面积最大的高原，大约为青藏高原的两倍。它东临大西洋，西靠安第斯山脉，北部接亚马孙平原，南部接拉普拉塔平原。大部分地区地处热带，主要的气候类型为热带草原气候，以热带草原自然带为主。

东非高原

在地球的生命进化史上，东非高原无疑具有特殊的意义，东非高原的地质演化和人类的进化有着密切的关系。它位于埃塞俄比亚高原以南、刚果盆地以东、赞比西河以北，东非大裂谷就在东非高原上。北段有非洲最大、世界第二大的淡水湖维多利亚湖，南段有世界第二深湖坦噶尼喀湖。

高原“宝地”

高原地区是体育界进行耐力训练的“宝地”，因为高原海拔高、气压低、氧气含量少，这种低压缺氧的环境，可以提高人体的体力耐力素质。人们发现这一秘密是在1968年，那年的奥林匹克运动会在高原城市墨西哥城举行，来自非洲高原的运动员，囊括了中长跑和马拉松的五项冠军及五项亚军的奖牌。

南极冰雪高原

南极是世界上最冷的地方，比北极冷得多，夏季也是零下30多摄氏度。南极整块大陆被冰雪覆盖着，南极原来的海拔不是很高，但是慢慢形成的一层厚厚的冰层覆盖住了南极的土地，把南极裹成了一个高原。

绵延起伏的山脉

山脉是指向一定方向延展、像脉络似的群山。山脉形成的主要原因：地壳在运动中引发内应力作用和水平挤压，再加上地壳受力不均所造成的扭曲，就形成了各种走向的山脉。

世界屋脊：喜马拉雅山脉

早在20亿年前，喜马拉雅山脉的广大地区是一片汪洋大海，称为古地中海，它经历了漫长的地质时期，一直持续到3000万年前的新生代早第三纪末期。从南面看，喜马拉雅山脉就像是一弯硕大的新月，它是世界上最高大的山系，高峰汇集的现象就像屋脊一样，故被称为“世界屋脊”。

最美天地

被称为“南美洲脊梁”的安第斯山脉，逶迤起伏贯穿南北美洲大陆，它是世界上最长的山脉，也是世界上最壮观的自然景观之一，山势雄伟，绚丽多姿。从太空俯瞰安第斯山脉，看到的是一幅白蓝相间、清澈明净的构图：白色条状区域是安第斯山脉，蓝色部分为太平洋。

乞力马扎罗的雪

在干旱少雨的北部非洲，乞力马扎罗是令人景仰的赤道雪峰。它位于坦桑尼亚东北部及东非大裂谷以南，是非洲最高的山峰，也是世界上最高的火山。乞力马扎罗在当地斯瓦希里语中的意思是光明之山，它是“非洲屋脊”。海明威的《乞力马扎罗的雪》是世界公认的中篇小说经典之作。

大自然的宫殿——阿尔卑斯山脉

阿尔卑斯山脉孕育了欧洲多条著名的河流，如多瑙河、莱茵河、波河、罗讷河等。因此，阿尔卑斯山脉既是欧洲最大的山脉，同时也是个巨大的分水岭。这里景色迷人，被世人称为“大自然的宫殿”和“真正的地貌陈列馆”。是冰雪运动的圣地和探险者的乐园，山地冰川呈现一派极地风光。

广袤的大平原

平原地势平坦开阔，陆地上许多大河的两岸和临近海洋的地区，一般都分布着广阔的大平原，如亚马孙平原、长江中下游平原等。平原是适合人类居住和生活的地方，古代文明一般都诞生在平原地带。

平原的分布

广袤的大平原孕育了人类文明。在七个大陆板块上，平原主要集中分布在欧洲、北亚、南美洲，以及北美洲中央走廊，东亚东部沿海，南亚次大陆两翼河流下游。世界地形图中的绿色部分就是平原地形。

面积最大的平原

亚马孙平原位于南美洲北部，是亚马孙河的冲积平原，是世界上面积最大的平原，也是世界最大的热带雨林，主要位于巴西境内。如果将这个平原放到我国，它将占到我国国土面积的一半以上。我国所有的平原面积加起来有100多万平方千米，但不足亚马孙平原的1/5，可见亚马孙平原的规模有多大。

平原为主的大洲

在世界七大洲中，以平原地形为主的是欧洲，海拔200米以下的平原约占全洲总面积的60%。欧洲也是世界海拔最低的大洲，海拔只有300米左右。欧洲主要有西欧平原、波德平原和东欧平原。

波状起伏的平原

大多数平原地形平坦开阔，但是有的平原受冰川侵蚀作用的影响，出现一定的波状起伏，比如西欧平原。

海拔最高的平原

从地形特点分析，平原平均海拔一般都在200米以下。但是世界上有一些平原的平均海拔在1000米以上，位于秘鲁共和国西南沿海伊卡省的纳斯卡平原，海拔在2000米左右。

盆地

盆地是地势形似水盆的一种地貌。四周高、中部低，是其主要地形特征。根据其封闭程度，可分为完全性盆地（四周封闭性较好）和非完全性盆地（四周封闭性较差）两类。

盆地分布

盆地在世界上分布广泛，在七大陆地板块中，陆盆之首是西伯利亚盆地，接近我国国土面积的73%。非洲刚果盆地是世界十大盆地之一，又称扎伊尔盆地，位于非洲中西部。

盆地的形成原因

在地壳构造运动长期作用下，地下的沉积岩层受到挤压或拉伸，盆地就此形成。这种盆地称为构造盆地，如我国新疆的吐鲁番盆地。另一种是由冰川、流水、风和岩溶侵蚀形成的盆地，称为侵蚀盆地。

曾经位于海底

在地球上的五种主要地形地貌中，盆地堪称聚宝盆。许多现在陆地上的盆地曾经都位于海底，由于泥沙的沉积，曾经生活过的大量海洋生物死亡以后被埋入淤泥中，最终会形成石油、天然气等能源。很多盆地都是油气资源丰富的区域，比如我国的塔里木盆地、四川盆地等。

丘陵

丘陵是指地势起伏不平、连接成大片小山的一种地形。地面上逶迤崎岖、绵延不断的低矮山丘组成它的基本地貌。其海拔比山岳低，是山地久经侵蚀的产物。

过渡地带

在每一块陆地上，丘陵以起伏不平的独特地貌连接起高大的山脉和广阔的平原，是山脉、平原和高原的过渡地带。风沙和流水的剥蚀，并没有使丘陵荒芜贫瘠，相反许多的丘陵地带，因雨水充沛而物产丰富。

世界最大的丘陵

哈萨克丘陵也叫作“哈萨克褶皱地”，是世界上最大的丘陵，约占哈萨克斯坦国土面积的五分之一，位居欧亚大陆内陆亚洲中西部，介于西西伯利亚平原和图兰低地之间。哈萨克丘陵气候相对干旱，以草原自然生态为主。

中国最大的丘陵

东南丘陵是中国最大的丘陵，地域辽阔，贯穿中国东南多个省市，面积大约37万平方千米；以中亚热带和南亚热带气候为主，海拔高度在200～500米。东南丘陵土壤肥沃，适合发展农业。

神秘的丘陵地带

丘陵地带高低起伏、坡度较缓，是由连绵不断的低矮山丘组成的地形。丘陵地带一般没有明显的脉络，浑圆的顶部是山地久经侵蚀的产物。

岛屿

岛屿是处在海洋、湖泊、河流中的陆地，面积大小不一，大都高出水面，四面环水。按成因分为大陆岛、海洋岛(火山岛、珊瑚岛)、冲积岛。世界岛屿总面积约为980万平方千米，约占世界陆地面积的7%。

格陵兰岛

格陵兰岛是世界第一大岛，其主权归属于距离其3000多千米之外的丹麦。它位于北美洲东北部，大部分地区长期被冰雪所覆盖。格陵兰岛拥有极地特有的极昼和极夜现象。

崇明岛

崇明岛是世界最大的沙岛，由长江中下游的泥沙在海中不断堆积而成。位于我国上海市北部、长江出口处，东临东海。目前，这个岛还在增长。

马拉若岛

马拉若岛是世界最大的冲积岛，虽然由河流冲积而形成，但是面积却比中国的海南岛还大许多。该岛位于亚马孙河河口，是世界上最大的淡水岛。整座岛屿完全被淡水包围，生活在岛上的人完全不用为淡水资源担心。

爪哇岛

爪哇岛位于印度尼西亚境内，是世界上人口最多的岛屿。爪哇岛虽然不大，但这里是印度尼西亚的经济中心，其首都雅加达就在岛上。整座岛屿一共生活着约1.45亿人，是典型的地少人多的岛屿。

辽阔的大草原

草原是杂草丛生的天然草地，多处于半干旱、半湿润的环境下，因降水量少、土层较薄，生态系统很脆弱，以低矮的草本植物为主。主要分布在欧亚大陆和北美大陆温带地区。

天山最美：巴音布鲁克草原

巴音布鲁克蒙古语意为“丰富的山泉”，巴音布鲁克草原位于中国新疆维吾尔自治区和静县西北部，境内分布着无数曲曲弯弯的大小湖，是我国第二大草原。它是典型的禾草草甸草原，著名的开都河就发源于此，也是我国唯一一个天鹅自然保护区。

“牧草王国”：呼伦贝尔草原

呼伦贝尔大草原处在我国内蒙古自治区东北部，大兴安岭以西，是世界著名的天然牧场，世界四大草原之一，因内蒙古境内的呼伦湖和贝尔湖而得名。呼伦贝尔草原是我国目前保存最完好的草原，水草丰美，生长着碱草、针茅、苜蓿、冰草等120多种营养丰富的牧草，有“牧草王国”之称。

潘帕斯草原

潘帕斯草原位于南美洲南部，阿根廷东部，是亚热带型大草原。“潘帕斯”源于印第安克丘亚语，意为“没有树木的大草原”，是南美洲比较独特的一种植被类型。潘帕斯草原上有着世界上最美丽奇幻的地平线。

空中草原——新疆那拉提

在我国新疆维吾尔自治区天山腹地的伊犁河谷中，那拉提草原像一块绿毯铺展开来。关于这个草原有一个美丽的传说：当年成吉思汗西征时，一支蒙古军队由天山深处向伊犁进发，时值春日，山中却是风雪弥漫，饥饿和寒冷使这支军队疲乏不堪。不想翻过山岭，眼前却是一片繁花似锦的莽莽草原，泉眼密布、流水淙淙，犹如进入了另一个世界。这时云开日出，夕阳如血，人们不由得大叫“那拉提（有太阳），那拉提”，于是留下了这个地名。

人迹罕至的沙漠

由于土地沙化及沙化面积的扩张，陆地表面形成了薄厚不均的沙质覆盖层。干旱和风，加上滥伐树木，破坏了草原，使土地表面失去了植物的覆盖，沙漠面积不断扩大。

最大的沙漠——撒哈拉沙漠

撒哈拉沙漠是世界上生存条件最为恶劣的地方，自然条件极为严酷，植被稀少，气候干旱，风沙弥漫，是世界上降雨量最少、气温最高的地方。它是世界上最大的沙漠，位于非洲北部，比整个大洋洲面积还大，几乎与中国国土面积差不多大。

世界十大沙漠

撒哈拉沙漠、阿拉伯沙漠、利比亚沙漠、澳大利亚沙漠、戈壁沙漠、巴塔哥尼亚沙漠、鲁卜哈利沙漠、喀拉哈里沙漠、大沙沙漠、塔克拉玛干沙漠。

沙海

沙海是像海水一样流动的沙丘。这些沙丘形态复杂，有高大的固定沙丘，有较低的流动沙丘。其中的流动沙丘顺风向不断移动，在撒哈拉沙漠曾观测到流动沙丘一年移动 9 米的纪录。

恶劣的环境

沙漠地带风沙很大，风力强劲，在干旱高温的气候下，狂风卷起大量浮沙，形成凶猛的沙尘暴，不断吹蚀地面，使地貌发生急剧变化。沙漠也是地球的主要生态系统之一，但也是难以生存的地区。正所谓“穷荒绝漠鸟不飞，万碛千山梦犹懒”。

沙漠化

沙漠化是人类面对的一个日益严峻的生态环境问题，目前，全球沙漠化仍在不断蔓延。沙漠化形成的一个重要原因就是过度的人为活动破坏了脆弱的生态平衡，使原非沙漠地区出现了以风沙活动为主要特征的类似沙漠景观。

最美大漠红颜

中国内蒙古额济纳胡杨林是世界上最绚烂的胡杨林之一。它千姿百态、美妙绝伦，让整个沙漠有了生机。每年金秋，它们的热情就像一把把火焰，燃烧了整个沙漠。

森林宝库

森林是大自然赋予人类的宝贵财富，人类是以森林为舞台背景发展起来的。可以说，没有森林，就没有人类。

完美的生态环境

森林是地球上主要的植被类型之一，是自然界最完美、与人类最亲近的生态环境。它以木本植物为主体，包括乔木、灌木、草本，以及动物、微生物等其他生物。森林在陆地上占有相当大的空间，显著影响着周围环境。

地球之肺

森林有很强大的净化空气的作用，森林中的植物能够有效清除二氧化硫、氯气、氟化氢等有害气体，而且树木的叶片上有很多绒毛，叶片还能分泌黏液和油脂，使得空气中的各种污染物能被森林拦截、过滤和吸附。森林还可以维持空气中的二氧化碳和氧气平衡，昼夜产生负氧离子，因此森林被誉为“地球之肺”。

中国三大林区

按林区面积大小排序，中国三大林区依次为东北林区、西南林区和南方林区。东北部的大兴安岭、小兴安岭和长白山是我国最大的森林区，即东北林区。西南林区包括四川、云南和西藏三省区交界处的横断山区，以及西藏东南部的喜马拉雅山南坡等地区。秦岭、淮河以南，云贵高原以东的广大地区，属于我国第三大林区——南方林区。

大兴安岭

大兴安岭位于中国东北部，是中国最重要的林业基地之一，木材储量占中国的一半，有许多优质的木材，如红松、水曲柳等。大兴安岭在古代叫作大鲜卑山，是中华古文明的发祥地之一。早在旧石器时代，人类就已经在这里繁衍生息。

亚马孙热带雨林

位于南美洲的亚马孙热带雨林，横跨8个国家，是当今地球上最神秘的一座生物物种博物馆，生态环境纷繁复杂，生物多样性保存完好。这里还被称为“生物科学家的天堂”，有许多物种还没有被研究和分析过。即使在21世纪的今天，这片广大神秘的生物王国里还有与外界隔绝好几个世纪的原始部落存在。

滔滔江河

水给人类带来的福祸远远超过其他自然物，是人类生存最重要的因素和最强大的自然力。万千溪流汇聚成滔滔江河，滋养着地球上的万物生灵。

现代文明的摇篮

人类四大文明都发源于大江大河流域，这其中有其必然性。在古代，人类为了农业生产和生存的需要，必须寻找有水源的地域；过去没有火车、飞机，道路也不发达，船运便成为便捷的运输方式。因此，大江大河必然成为人类现代文明的摇篮。

亚马孙河

位于南美洲北部的亚马孙河，浩浩荡荡穿越广袤的亚马孙平原，孕育了世界上物种最丰富的动植物天堂——亚马孙热带雨林。亚马孙河是世界第二长河，水系跨赤道南北。亚马孙河物种丰富，鱼类多达2500种，还有海牛、淡水豚、鳄、巨型水蛇等水生动物。

世界第一长河——尼罗河

尼罗河堪称世界第一长河，它横跨非洲东北部七个国家，贯穿东非高原，流经世界上最大的沙漠——撒哈拉沙漠。尼罗河是一条非常古老的河流。它是埃及人民的生命源泉，缔造了古埃及文明。

最长的人工运河——京杭大运河

中国的京杭大运河是一条古老的运河，从春秋时代开凿建设，距今有2500多年的历史。它同时也是世界上最长的人工河道，是中国南北水运的大动脉。大运河北起北京，南达杭州，流经北京、河北、天津、山东、江苏、浙江六个省市，沟通了海河、黄河、淮河、长江、钱塘江五大水系，全长1794千米。主要经历了三次较大的兴修过程。

人类古文明的发源地

人类四大文明：

古巴比伦文明发源于幼发拉底河和底格里斯河，古埃及文明发源于尼罗河，古印度文明发源于印度河，中华文明发源于黄河。

长江之美

长江之美，美在浩瀚多元。她是铺陈在高原上的发辫，奔涌过峡谷间的巨流，沉静于湖泊中的碧水。特别是长江三峡雄伟壮丽，周折往复，蔚为大观。瞿塘峡壁立如削，巫峡云雨缭绕；西陵峡层峦叠嶂，山中有山，岭中有岭。俯视三峡，山体耸峙，是长江最美的画卷和屏障。

湖泊大家族

湖泊的成因是地壳构造活动。在地球表面形成的许多凹地称为湖盆，湖盆内蓄积的水体为湖泊。按湖泊成因可分为，构造湖、冰川湖、火口湖和堰塞湖等；按湖水矿化度，可分为淡水湖和盐水湖。

里海

里海也是一种“海迹湖”或“海洋残留湖”，它在很久以前曾是黑海的一部分，由于地壳板块运动，海陆升降，彻底与大洋分离。里海位于中亚西部，南北狭长，是世界最长及唯一长度在千公里以上的湖泊，且为咸水湖。里海表面约低于海平面27米，里海的外围还有一个世界最大的洼地——里海盆地。欧洲的最低点就在此地。

世界十大湖泊

世界十大湖泊分别为里海、苏必利尔湖、维多利亚湖、休伦湖、密歇根湖、坦噶尼喀湖、贝加尔湖、大熊湖、马拉维湖、大奴湖。

▲ 苏必利尔湖

▲ 维多利亚湖

▲ 休伦湖

▲ 密歇根湖

▲ 坦噶尼喀湖

▲ 大熊湖

▲ 马拉维湖

▲ 大奴湖

贝加尔湖

贝加尔湖是世界第一深湖，欧亚大陆最大的淡水湖。其总蓄水量可供全球人口饮用50年。贝加尔湖的形成年代久远，湖中仍保留着第三纪的淡水动物，著名的有贝加尔海豹、凹目白鲑、奥木尔鱼、鲨鱼等。它是俄罗斯的重要渔场，对西伯利亚地区气候有较大影响。

长白山天池

长白山天池位于中国和朝鲜之间，是两国的界湖，约有一半属于朝鲜。天池诞生于1000多万年前的地质构造运动，长白山原是一座休眠的火山，火山口常年积水就演变成今天的天池。作为中国最大的火山湖，它同时也是世界上最深的内陆高山湖泊。

青海湖

青海湖位于中国青海省青藏高原的东北部，三面环山，是一个高原湖泊。同时也是中国最大的湖泊，中国最大的咸水湖、内流湖。湖泊、草原、雪山、沙漠交汇，是镶嵌在高原上的一颗蓝宝石。青海湖古称“西海”，从北魏起才更名为“青海湖”。

地下水资源

地下水资源是存储在土壤和岩层中的天然水体。地下水资源的水量能逐年得到恢复，一般都是可循环利用的，是水资源的重要组成部分。

水循环

地下水资源是流动不息的天然水体，是必不可少的生命之源，滋养着地表上的生物，在保持生物多样性方面有很大的贡献。它还能够参与全球的水循环，通过水循环保持地球上的水资源平衡，调节整个地球的气候稳定。

暗河涌动

暗河是潜入蕴藏在地面以下的河段，表现为地下岩溶地貌。暗河常形成在高温多雨的热带及亚热带气候区域，在深邃的峡谷和河谷中，暗河经常汇聚而成。那些流经石灰岩山野的“天然下水道”，主要是在喀斯特地貌发育中期形成的。

凝结的水珠

蒸发

蒸腾作用

平塘天坑群

目前已知世界上最大的天坑，来自我国贵州省平塘天坑群中的打岱河天坑。天坑四周是悬崖绝壁和繁茂的原始森林，底部有种类繁多的动植物。天坑里有条亚洲最大的地下暗河。坑底大小溶洞相互交错，钟乳石繁多。洞中有水，水上有滩，洞底有河，构成庞大的地下溶洞群。打代河天坑群的地下水系，其规模堪称亚洲之最。

泉水叮咚

泉来源于地下的天然水，涌出地表就形成泉。在山区和丘陵的沟谷中及山脚处，经常有泉水涌流。根据水流状况的不同，可以分为间歇泉和常流泉。根据水流温度，可以分为温泉和冷泉。泉水为人类提供了理想的水源，如理疗泉、饮用泉等。中国名泉众多，如济南趵突泉、杭州虎跑泉、北京玉泉、大理蝴蝶泉等。

天然热水——温泉

温泉是泉水的一种，通常人们把水温超过20摄氏度的泉或水温超过当地年平均气温的泉称作温泉。温泉是地下水在长期运动过程中吸收地壳的热能而形成的。

火山的礼物

温泉大多发生在山谷中河床上，一般伴随火山喷发而形成，也可以由地壳内部的岩浆作用而形成。另外一种是受地表水渗透循环作用所形成，雨水降到地表向下渗透，形成地下水，地下水受下方的地热加热成为热水。

汤泉

我国古代很早就有关于温泉的记述，那时人们把温泉叫作“汤”或者“汤泉”。在古人心中，温泉是天神赐予人类的“神水”“神泉”“圣水”。陕西临潼骊山温泉，相传与女娲炼石补天有关。女娲便成为人们供奉的“汤神”。

泡温泉的猴子

日本北海道函馆市热带植物园，每年年底都会为园内猴山引入附近的温泉水，使猴子们舒服地泡在温泉里度过寒冬，也让游客们能在冬日欣赏到猴子泡温泉的奇景。

温泉养生

关于温泉的医疗保健功能自古就有文字记载，温泉水除了温度较高外，往往含有一定数量的特殊化学成分和气体成分，具有医疗价值，称为矿泉。

地下的宝藏

面对人类，地球母亲是最无私的。千百年来，山川巨变，深埋地下的宝藏，带给人类无限的恩惠，人类开发利用地下的宝贵资源，推动着世界的进步与发展。

煤炭、石油

煤是可以燃烧的含有机物的矿石，分为泥炭、褐煤、烟煤以及无烟煤四大类。石油是沉积在古代的盆地、浅海或湖泊中的生物与有机物，经过漫长的地质变化以及一系列的物理化学反应后形成的液体，主要成分是烷烃、环烷烃、芳香烃。波斯湾沿岸的沙特、伊朗、科威特、伊拉克、阿联酋是世界上最大的石油产地及输出区。

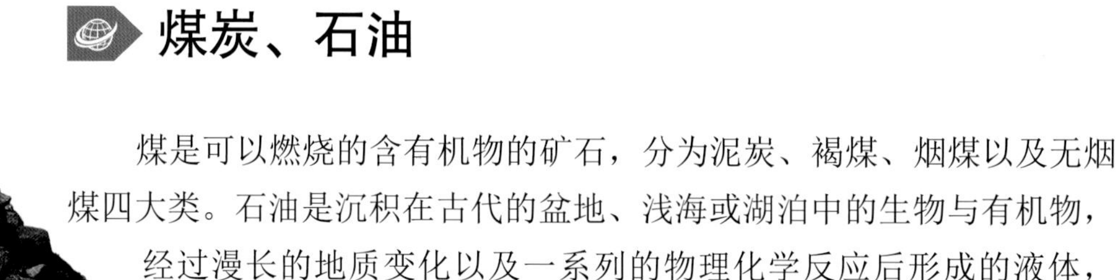

天然气

天然气是高效的清洁能源，也是一种优质的化工原料。主要蕴藏在易开采、孔隙较多的岩层中。其主要成分是甲烷、二氧化碳等，多产生在油田、煤田和沼泽地带。天然气易燃，燃烧后无烟无灰。

地热能

地热能是由地球内部释放出的热能，是近年来逐渐被重视并开发利用的一种新能源。地球内部温度和压力都很高，犹如一个巨大的“热库”，蕴藏着丰富的热能。巨大的热能通过大地的热传导、火山喷发、地震、深层水循环、温泉等途径不断地向地表散发，从而产生了地热能。

美丽与财富——璀璨宝石

钻石堪称世界上最坚硬、最昂贵的天然宝物。它们生成于久远的年代，经岁月变迁深藏于地壳深处，至今仍是大自然最坚硬持久的瑰宝。此外祖母绿、猫眼石、红宝石、蓝宝石等都是地下珍藏的稀世珍宝。

稀土

稀土是元素周期表上17种稀有金属的合称，根据不同性质分为轻稀土和重稀土，是不可再生资源。1794年芬兰化学家加多林分离出第一种稀土元素，全世界现已发现250种稀土矿。中国是世界上稀土资源最丰富的国家之一，内蒙古自治区包头市白云鄂博矿山是世界上最大的稀土矿山，被称为“稀土之都”。矿区含有的稀土储量居世界第一，铌储量仅次于巴西，居世界第二。

撼人心魄的自然奇观

大自然以它伟大的创造力，魔幻般地将亿万年前的汪洋大海变成峻峭挺拔的绝壁，将一望无际的平原雕刻为深不见底的峡谷。亿万年后，我们有幸看到那匪夷所思的自然奇观、绝美幽深的奇境险域和那动人心魄的壮美山川。

桂林山水

中国的桂林山水由独特的喀斯特地貌构成，是独具特色的自然山水景观。桂林山水“山青、水秀、洞奇、石美”，湖光山色闻名天下，千百年来享有“桂林山水甲天下”的美誉。

东非大裂谷

东非大裂谷位于埃塞俄比亚，是世界上最大的断层陷落带，被称为“地球脸上最大的伤疤”。在裂谷的一些地方，两侧的陡峭断崖顶部与谷底的高度可达1600米。茂密的原始森林覆盖着连绵的群峰，裂谷底部平整坦荡，牧草丰美，林木葱茏，生机盎然。

基拉韦厄火山

基拉韦厄火山是世界上活动力旺盛的活火山，经常喷发。它是“全世界唯一可开车进入的火山”。湖面上还不时出现几米高的岩浆喷泉，喷溅着五彩缤纷的火花。这种惊心动魄的景象，堪称大自然中的一个奇观。

恩戈罗恩戈罗火山口

恩戈罗恩戈罗火山口位于坦桑尼亚北部，是世界上最经典的火山口，呈现一个标准的碗口形状。此地集中了草原、森林、丘陵、湖泊、沼泽等各种生态地貌，种类繁多的野生动物在这里生存，被誉为“非洲伊甸园”，是非洲最重要的野生动物保护区之一。

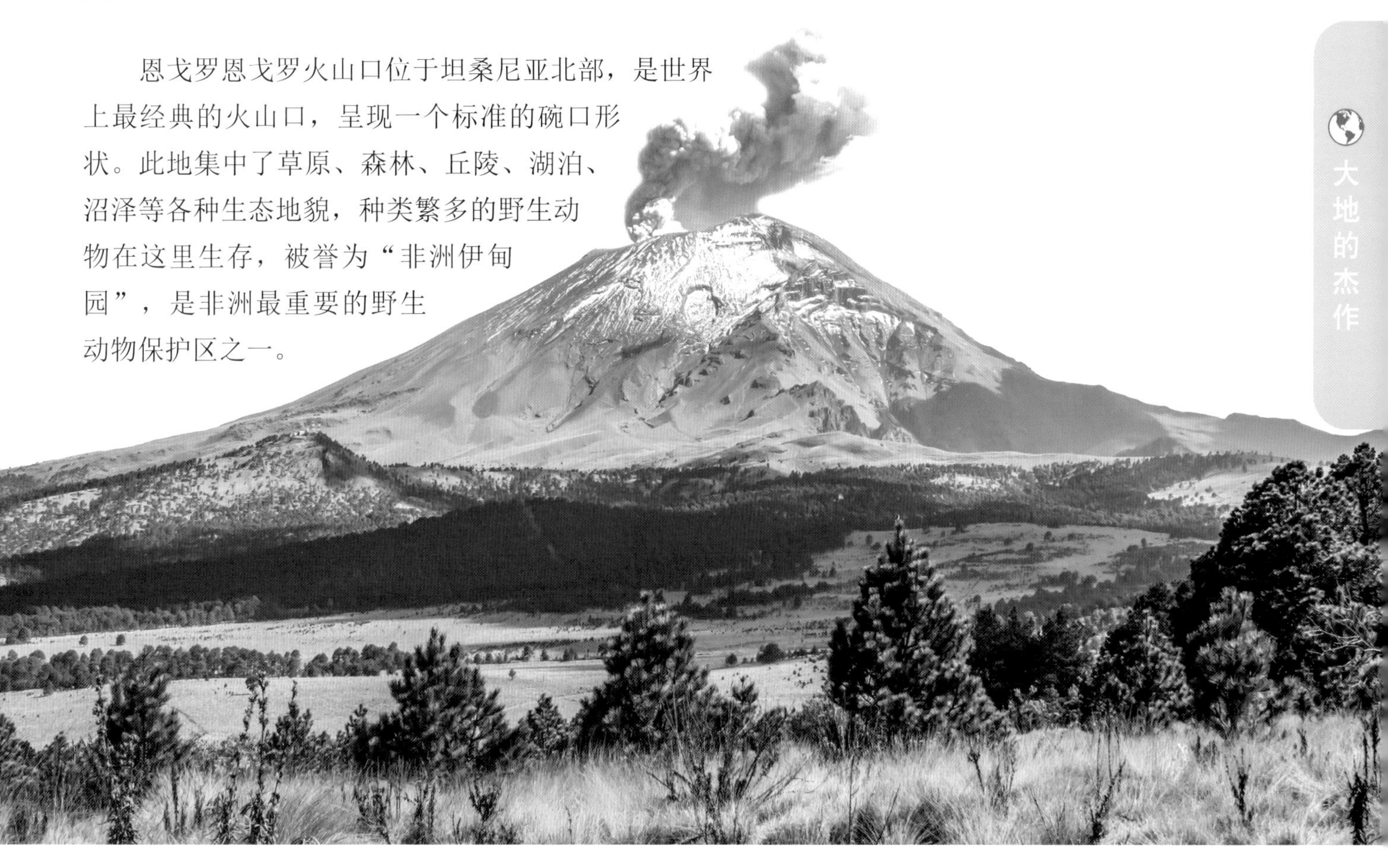

长江三峡

中国的长江三峡举世闻名、壮丽雄奇，由位于长江中上游的瞿塘峡、巫峡、西陵峡组成。西起重庆奉节白帝城，东至湖北宜昌南津关，全长193千米。三峡沿岸有古悬棺、古栈道、白帝城、屈原祠、昭君故里、三峡大坝等人文景观。

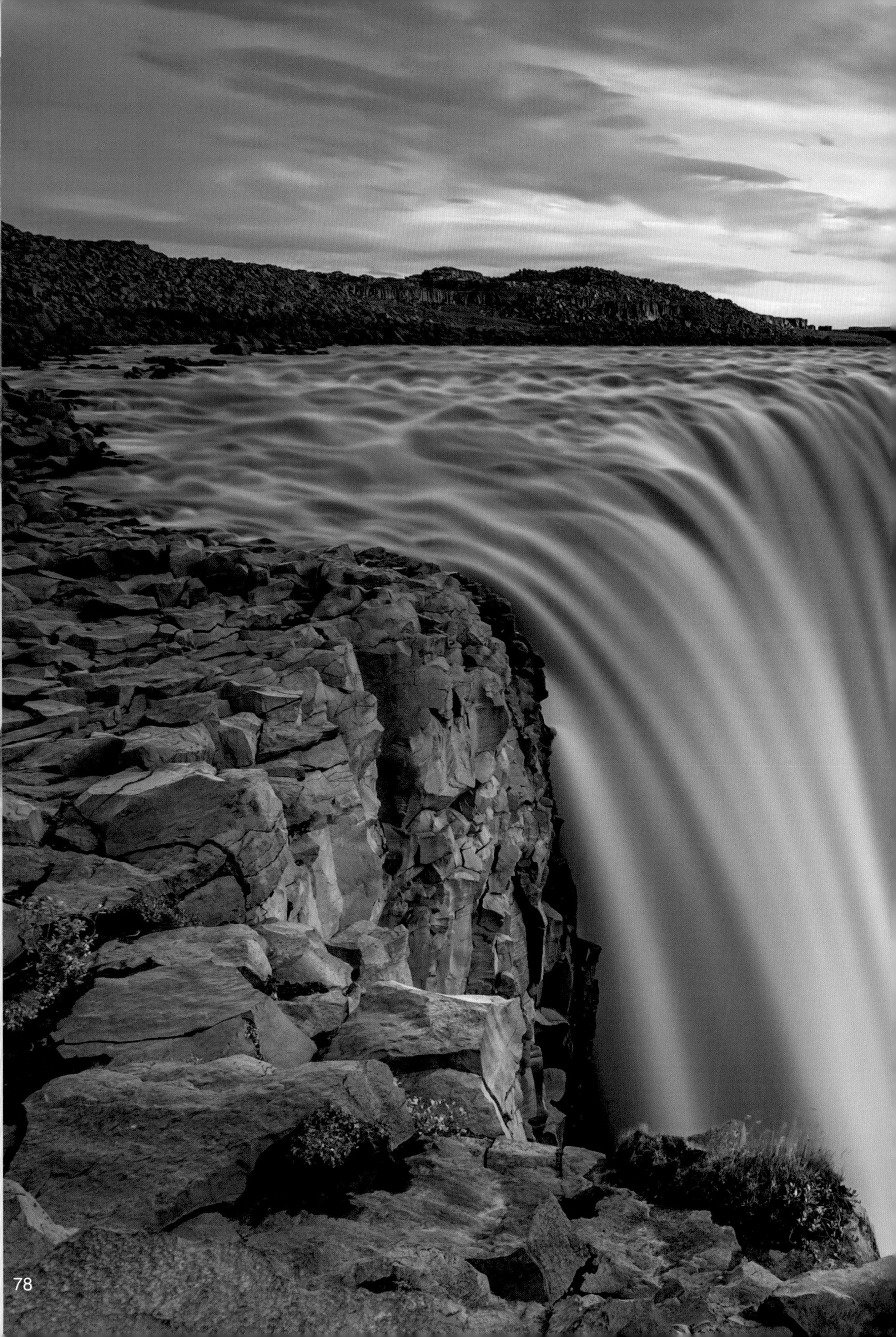

维多利亚瀑布

维多利亚瀑布是世界上落差最大和最壮观的瀑布，瀑布声如雷鸣，当地居民称之为“莫西奥图尼亚”，意即“霹雳之雾”。它位于南部非洲赞比亚和津巴布韦接壤的区域，在赞比西河上游和中游交界处。赞比西河接近瀑布时，河水在巴托卡峡谷突然折转向南，瀑布从108米的高度垂直跌落，与地面碰撞后水雾升腾，形成一条长长的白练，20千米以外可见。

巧夺天工的人文景观

人文景观是历史的产物，是人类文明创造形成的独特景观，是人类文明的结晶。散布在世界各地的历史文化古迹、宗教圣地、民族风情和古建筑等，见证着人类文明进步的历史。

中国西藏布达拉宫

“布达拉”在梵文中意为佛教圣地。于公元17世纪重建后成为达赖喇嘛的冬宫，是中国西藏佛教和历代行政统治的中心。布达拉宫是世界上海拔最高的宫殿，位于海拔约3700米的高地，享有“世界屋脊上的明珠”的美誉。布达拉宫是依山垒砌、群楼重叠、气势雄伟、层层套接的建筑，体现了藏族古建筑迷人的特色。布达拉宫是藏式建筑的杰出代表，也是中华民族古建筑的经典之作。

中国秦始皇陵兵马俑

中国的秦始皇陵兵马俑是中华灿烂文明的金字名片，被誉为世界第八大奇迹，也是世界十大古墓稀世珍宝之一。兵马俑坑内每个兵俑的装束、手势、神态都塑造得惟妙惟肖，极度逼真，一列列、一行行的兵马俑，规模宏伟、气势磅礴。秦始皇陵兵马俑堪称世界最大的地下军事博物馆。

印度泰姬陵

印度泰姬陵是一座为爱而生的建筑。莫卧儿王朝第五代皇帝沙·贾汗为了纪念已故妻子而兴建此陵墓，用了22年时间，是印度建筑史上的奇迹，被评价为“世界上最美丽的建筑”。泰戈尔说，泰姬陵是“永恒面颊上的一滴眼泪”。它由殿堂、钟楼、尖塔、水池等构成，全部用纯白色大理石建筑，用玻璃、玛瑙镶嵌，具有极高的艺术价值。

北爱尔兰“巨人之路”

“巨人之路”又称巨人堤，位于北爱尔兰贝尔法斯特西北约80千米处的大西洋海岸。“巨人之路”海岸，由4万多根玄武石柱不规则地排列而成，绵延几千米，气势磅礴，蔚为壮观。传说巨人堤是由愤怒的巨人创造的，而事实上是火山喷发后，从地壳中涌出的玄武岩熔岩冷却凝固后形成了六边形的形态，并呈阶梯状延伸入海。

中国长城

从太空俯瞰，长城就如一条逶迤穿行在崇山峻岭之中的绸带，它伴随着中国长达2000多年的封建社会，刻印着中华文明的历史记忆。作为中国古代的军事防御工程，长城最早的修筑历史可上溯到西周时期，春秋时代进入第一段修筑高潮。之后，秦统一中国，开始大规模地修建长城，前后修筑近20次。是世界历史上的伟大工程之一，并已列入世界文化遗产。

魔幻的大自然

当今人类的科技发展迅速，短短几百年就从农业时代走到信息化时代，拥有的力量也越来越强大，但是在大自然面前，面对突如其来的各种自然灾害，人类还是非常渺小和无助的。

电闪雷鸣

闪电和雷鸣都是地球上的自然现象，常常伴随着夏季的雷雨出现，狂风暴雨加上电闪雷鸣，在天地间尽情宣泄。它是雷霆之怒，抑或是龙王发威。大自然以其撼人心魄的威力，让人类愈发感叹自身的渺小。

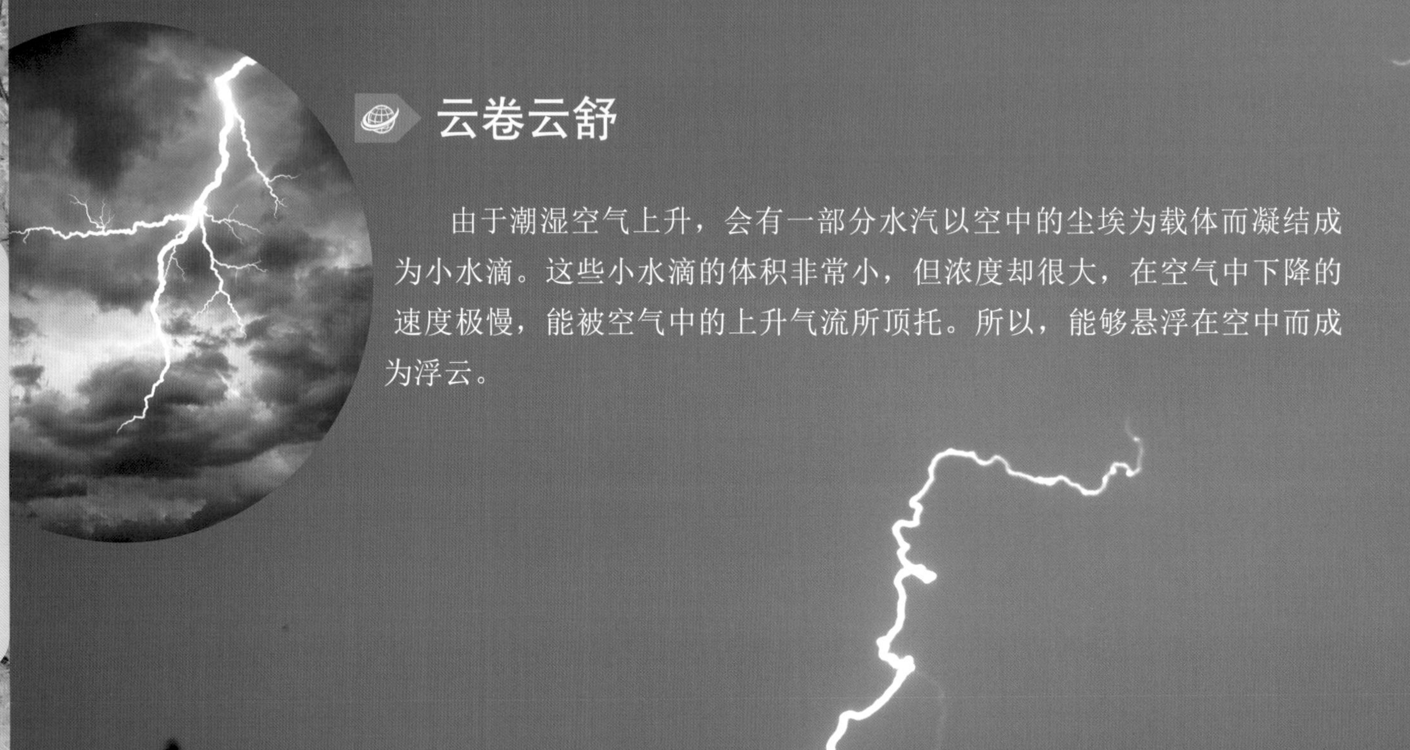

云卷云舒

由于潮湿空气上升，会有一部分水汽以空中的尘埃为载体而凝结成为小水滴。这些小水滴的体积非常小，但浓度却很大，在空气中下降的速度极慢，能被空气中的上升气流所顶托。所以，能够悬浮在空中而成为浮云。

云层电场

在雷雨天气里，云层很厚就如同一个电场积蓄了大量的电荷。这就是所谓的云层电场，它是由云中无数的小水滴相互翻腾摩擦而产生的。

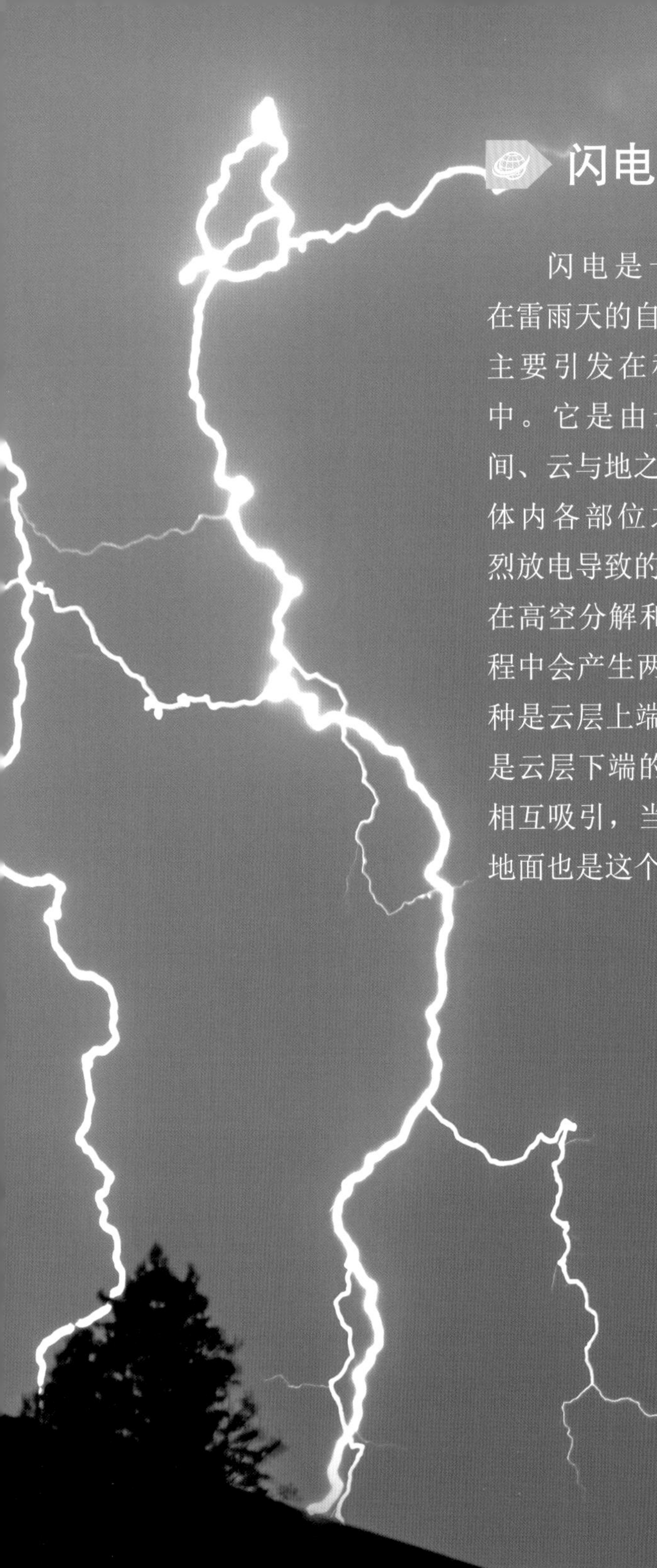

闪电

闪电是一种发生在雷雨天的自然现象，主要引发在积雨云层中。它是由云与云之间、云与地之间或者云体内各部位之间的强烈放电导致的。水分子在高空分解和摩擦的过程中会产生两种静电，一种是云层上端的正电荷，一种是云层下端的负电荷，并且地面会自然带有一种正电荷，三者之间相互吸引，当电荷到达一定程度，就会产生强大的电流，闪电劈向地面也是这个原因。

雷电交加

雷电是一种大气现象，是同时发生的。但是电光的速度比雷声的速度传播得快，所以先看到电光，再听到雷声。如果雷电绵绵不绝地发生，则电光与雷声就交错叠加发生，这就是雷电交加。雷电在放电过程中呈现出电磁效应、热效应以及机械效应，对于建筑物、电气设备和人体有很大的危害。

雷

闪电发生时，云层和大地之间形成一个狭窄的通道，通道上要释放巨大的电能，因而形成强烈的爆炸，产生冲击波，然后形成声波向四周传开，这就是雷声或者说“打雷”。

肆虐的雨

从太空瞭望，地球就是一个“水球”，这个水球上的各种水体是循环运动的。海洋和地面上的水受热蒸发到天空，这些水汽又随着风运动到别的地方，当它们遇到冷空气，形成降水又重新回到地球表面。这种降水分为两种：一是液态降水，这就是下雨；另一种是固态降水，这就是下雪或冰雹等。

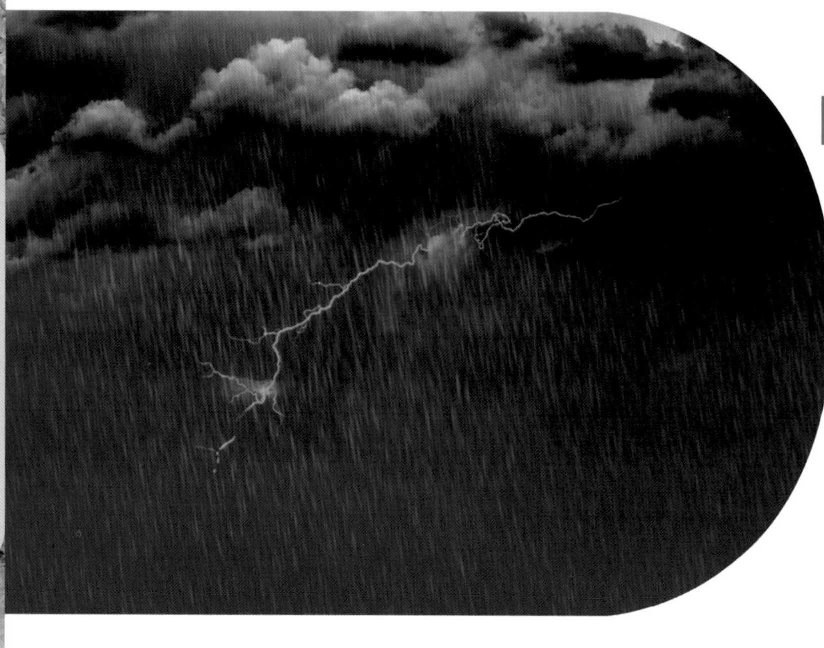

暴雨危害

在每年的夏季，我国南方大部分地区经常会出现洪涝灾害，它常常发生在特大暴雨后。我国的暴雨危害主要集中在长江中下游平原地区，引发的洪灾包括涝渍灾、崩塌、滑坡、泥石流等。

黄河水灾

黄河常被称为中国的母亲河，同时，黄河还被称为“中国的悲伤”。据统计，从西汉文帝十二年（前168年）到清朝道光二十年（1840年）的2000多年间，黄河洪灾共发生了316起，平均约6年就发生一次洪灾，频率之高让人瞠目。1887年9月30日，黄河在郑州决口，洪水漫灌整个郑州城，完全淹没了开封以东数千个村镇。虽然这次水灾缺乏精确的死亡人数统计，但最保守的估计为150万人。

泥石流

泥石流是一种频繁发生在世界各地的地质灾害。通常由暴雨、冰雪融水等激发引起，是一种爆发突然、来势凶猛，含有大量的泥沙、石块的特殊洪流。浑浊的流体沿着陡峭的山沟前推后拥，奔腾咆哮而下。它在很短的时间内将大量泥沙、石块冲出沟外，在宽阔的区域横冲直撞，漫流堆积，常常给人类的生命财产造成重大危害。

滑坡

在暴雨季节，一些山体较长时间浸泡在雨水中，原本松软不太坚固的山石和岩土，沿着一定的软弱结构面（带）产生剪切位移而整体地向斜坡下方移动，滑坡由此发生。滑坡的危害极大，常摧毁房舍、农田，伤害农畜等。

龙卷风

龙卷风是一种大气层低强度放电现象，在地面形成延展到空中的小尺度涡旋。龙卷风移动速度快，生成和发展具有很大的随机性，常发生在热带和温带气候区。

龙卷风的形成

龙卷风形成的大致过程：在冷暖空气强烈对流反复的过程中，积雨云团逐渐变大，云内部上下对流越来越激烈，导致大风的出现；地面上升气流开始旋转，形成气旋；气旋不断增强并向地面延伸，出现云柱；当云柱到达地面高度时，地面风速急剧上升，龙卷风随之形成。

龙吸水

龙吸水是伴随龙卷风才会形成的自然现象。龙卷风经过水面的时候，由于龙卷风中心的压力导致水被倒吸入龙卷风里，也就形成了“龙吸水”的奇观。

藤田级数

常用的龙卷风定强分级方法是藤田级数，“藤田级数”是由已经逝世的美籍日裔气象学家藤田哲也于1971年提出的，被全球各地用作衡量龙卷风规模的数值指标。美国国家气象局2006年提出了改进版的“藤田级数”，并于2007年启用。龙卷风按破坏力不同被划分为6个藤田级数，从EF0-EF5级不等。

龙卷风的危害

龙卷风的发生随意性很强，常常猝不及防。北美洲的美国是龙卷风经常“光顾”的地区，平均每年遭受10万个雷暴、1200个龙卷风的袭击。有记录以来美国最致命的一场龙卷风是发生于1925年3月18日，直接导致695人死亡。2011年4月，美国发生“龙卷风大爆发”的灾害，连续4天产生多达358个龙卷风，并造成349人死亡。

冰雹

冰雹是雨水的一种固化形态，常常形成于对流云层中。水汽随气流上升遇冷会凝结成小水滴，随着高度增加，温度继续降低，达到零摄氏度以下时，水滴就凝结成冰粒，直到它的重量大于空气之浮力，即往下降落。若达地面时未融化成水仍呈固态冰粒则称为冰雹，如融化成水就是雨。

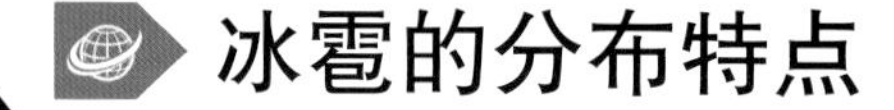

冰雹的分布特点

中国冰雹的分布特点：西部多，东部少；山区多，平原少。青藏高原是冰雹常“光顾”的地区，局部地区每年下冰雹的次数超过20次，唐古拉山的黑河一带是中国冰雹出现最多的地方，平均每年下冰雹34次之多。肯尼亚的克里省和南蒂地区则是世界上下冰雹最多的地方，一年365天中有约130天下冰雹。

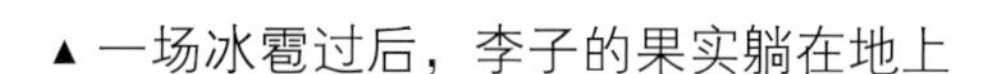

▲一场冰雹过后，李子的果实躺在地上

冰雹的危害

1928年7月，在美国内布拉斯加州的博达，下了一次规模较大的冰雹，冰雹堆积有3～4米多高，其中最大的一个冰雹重680克，是当时世界上最重的冰雹块。1958年3月，法国斯特拉斯堡下了一场冰雹，其中最重的一块达972克。1968年3月，在印度比哈尔邦降下的冰雹中，有一块重达1000克，一头小牛被当场砸死。

最大的“冰雹”

考证世界上最大的冰雹的确颇有难度。但是根据《美国气象学会公报》报告，科学家们可能找到了目前世界上最大的“冰雹”——一场超级单体雷暴在阿根廷市中心出现后，引起的巨大冰雹，而这次的冰雹可能达到世界纪录。最大冰雹的直径达到24厘米，比排球都大。

极端性气候

比排球都大的冰雹应该是冰雹之“王”了，因此，人类可能正在迈入极端性的天气环境之中。而冰雹通常也是发生在强风暴期间，冰雹会伴随风暴持续不断地发展而出现得更多。在地球上，气候变化引起的自然灾害问题数不胜数，而极端性气候的增加对人类的影响也越来越严重。

雪崩

雪崩和泥石流、滑坡的发生机理类似，常发生在高大山体的陡坡地区。当积雪内部的内聚力抗拒不了它所受到的重力拉引时，便向下滑动，引起大量雪体崩塌，人们把这种自然现象称作雪崩，或“雪塌方”“雪流沙”“推山雪”。

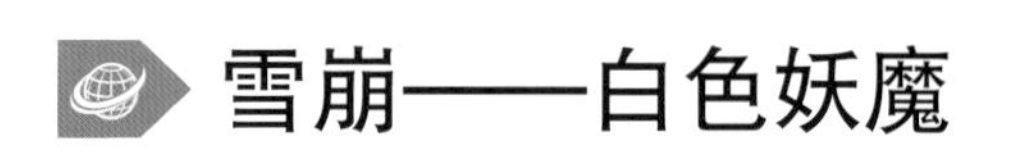

雪崩——白色妖魔

许多灾难发生的时候，经常是令人意想不到的，这就是大自然的魔力所在。雪崩总是从宁静肃穆的雪地山坡上部开始。先是出现一条裂缝，接着，巨大的雪体开始滑动。雪体在向下滑动的过程中越滑越快。于是，雪崩体变成一条几乎是直泻而下的白色雪龙，声势凌厉地向山下冲去。这种“白色死神”的重量可达数百万吨。比起泥石流、洪水、地震等灾难发生时的狰狞，雪崩真的可以形容为美得惊人。

雪崩气浪

雪崩在高速运行中，由于裹挟着空气，会引发空气的剧烈振荡，形成一层气浪。这种气浪有些类似于原子弹爆炸时产生的冲击波。雪流能驱赶它前面的气浪，而这种气浪的冲击比雪流本身的打击更加危险。

 秘鲁雪崩

在1970年的秘鲁大雪崩中，雪崩体在不到3分钟的时间里飞跑了14.5千米，速度接近90米/秒，比十二级台风32.5米/秒的速度还要快。这次雪崩引起的气浪，把地面上的岩石碎屑席卷上天，竟然叮叮咚咚地下了一阵“石雨”。

雪崩的破坏

据测算，一次高速运动的雪崩，会给每平方米的被打物体表面带来40～50吨的力量。1981年4月12日，一块体积约一栋房子大的冰块从阿拉斯加的三佛火山顶部冰川上滑下，落在旁边的雪坡上，造成数百万吨雪迅速下滚，将沿途13千米地区全部摧毁。据有关专家指出，该雪崩产生了长达160千米的粉末状雪云，是迄今为止世界上最为严重的一次。

火山

在地质学上，按照板块构造理论，大多数火山都分布在板块边界地带，只有小部分火山分布在板块内。它是地球炽热地心的窗口，来自地下的灾难之火。火山一般分为死火山、活火山和休眠火山。

世界著名火山

世界著名的火山包括：克利夫兰火山、帕卡亚火山、富士山、默拉皮火山、亚苏尔火山、科利马火山、马荣火山、埃特纳火山、维龙加火山等。

两座城市的消失

世界上最著名的一次火山喷发，是发生在公元79年的维苏威火山喷发，它把罗马的两座最繁华的城市——庞贝城和赫库兰尼姆城整个掩埋了。世界文明的百科全书编撰者普利尼就是在这次火山喷发中丧生的。

黄石公园超级火山

黄石公园位于美国，是世界上最大的一座火山。它之所以有这样的称号，不仅是因为它有着巨大的占地面积，更是因为它是一座极度活跃的火山。在最近200万年时间里，它就爆发过三次，每一次都造成了巨大的损失。而且现代依旧有着爆发的风险。

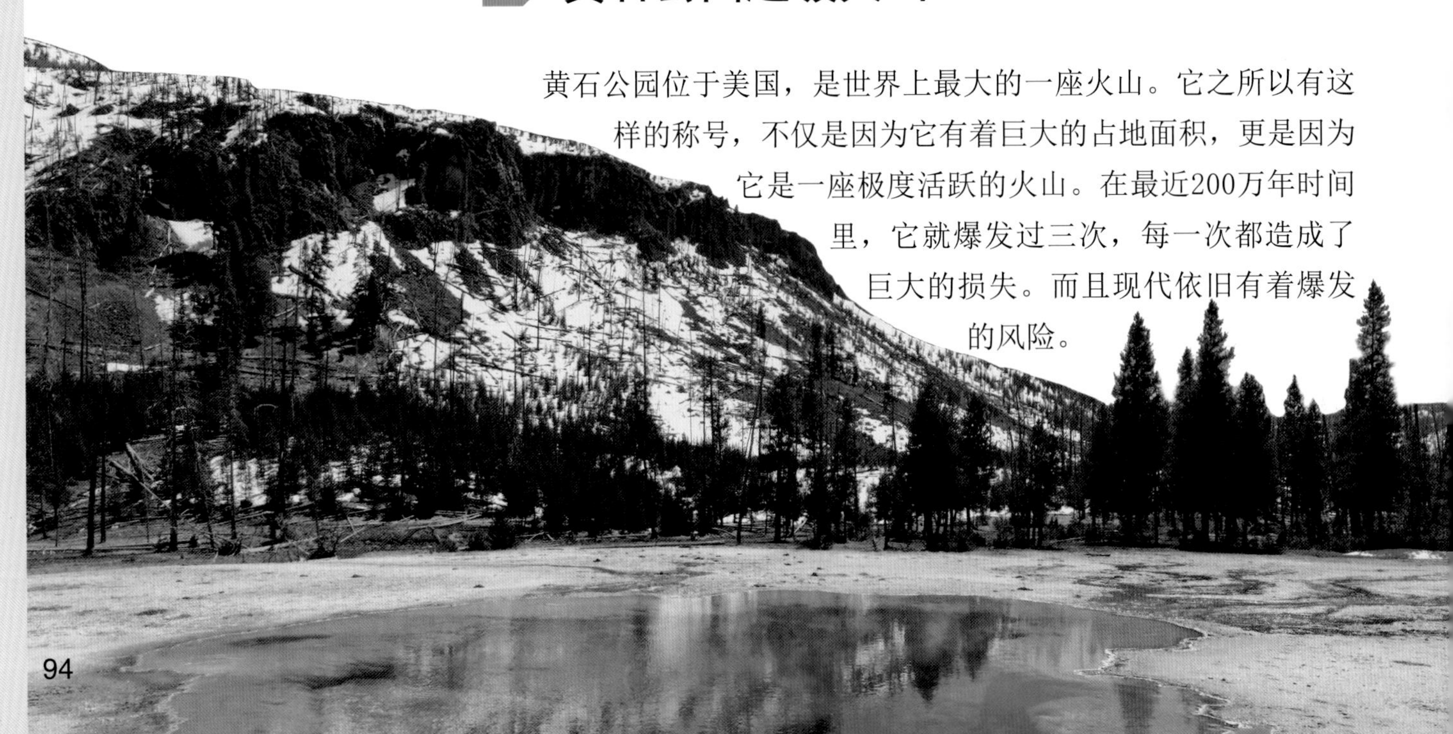

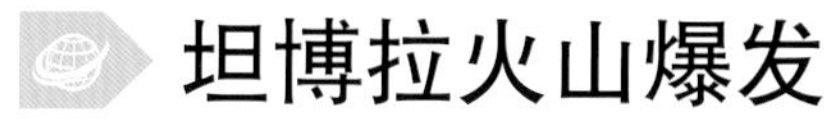

坦博拉火山爆发

1815年，印度尼西亚的坦博拉火山爆发，是伤亡人数最多的一次火山爆发。火山灰进入大气层传播至全世界，随后世界气候变冷，次年成了没有夏天的年份。数千人当场丧生，随后由于农作物毁灭、疾病、水源污染等，数万人在年内死亡。据估计，约有9.2万人直接或间接死于此次火山爆发。

岩浆是不是很美

火山爆发时喷发出大量炽热的岩浆，岩浆降温后就变成了火山岩。同时遮天蔽日的火山灰和火山气体，对气候造成极大的影响。火山灰和火山气体被喷到高空中，会随风散布到很远的地方。这些火山物质会遮住阳光，导致气温下降。还会滤掉某些波长的光线，使得太阳和月亮看起来就像蒙上了一层光晕，或是泛着奇异的色彩，尤其是在日出和日落时形成奇特的自然景观。

可怕的地震

地震是一种危害极大、在地球上各大板块普遍发生的自然现象。地震的成因很复杂，因而其发生也很难预防。目前科学家比较公认的观点为：地震是由地壳板块运动造成的。

历史上著名的大地震

智利大地震（9.5级，5.2万多人死亡），中国唐山大地震（7.8级，24.2万多人死亡），中国海原地震（7.8级，28.2万多人死亡），日本关东大地震（7.9级，9.9万多人死亡），土库曼斯坦大地震（7.3级，11万人死亡），中国汶川大地震（8.0级，近7万人死亡），巴控克什米尔大地震（7.6级，7.9万多人死亡），意大利墨西拿大地震(7.5级，超过11万人死亡），秘鲁钦博特大地震（7.7级，近7万人死亡）。

智利大地震

1960年5月22日下午19时（UTC时间），南美洲智利的大地剧烈地颤动起来，这是20世纪全球发生的震级最大的地震，震级达9.5级。其后两天之内，发生了上百次强烈地震，其中超过8级的3次、超过7级的10次。地震引发的海啸严重冲击智利海岸，并波及遥远的日本和菲律宾。

唐山大地震

唐山大地震是1976年7月28日在中国河北省唐山市爆发的一场震级7.8级的大地震，它爆发突然，造成巨大的损失。包括后期长达16小时的余震，共造成24.2万多人死亡，16.4万人重伤，死亡人数在世界地震史上排第二名。

世界地震带

地震带主要分布在全球陆地板块和海洋板块的边界上，据统计，有史以来全球绝大多数地震都发生在地震带中，仅有极小部分的地震与板块边界的关系不那么明显。全球地震带主要有三处：环太平洋地震带、欧亚地震带、海岭地震带。这些地震带常与一定的地震构造相联系。

中国四大地震带

中国四大地震带是：青藏高原地震区、华北地震区、东南沿海地震带和南北地震带。

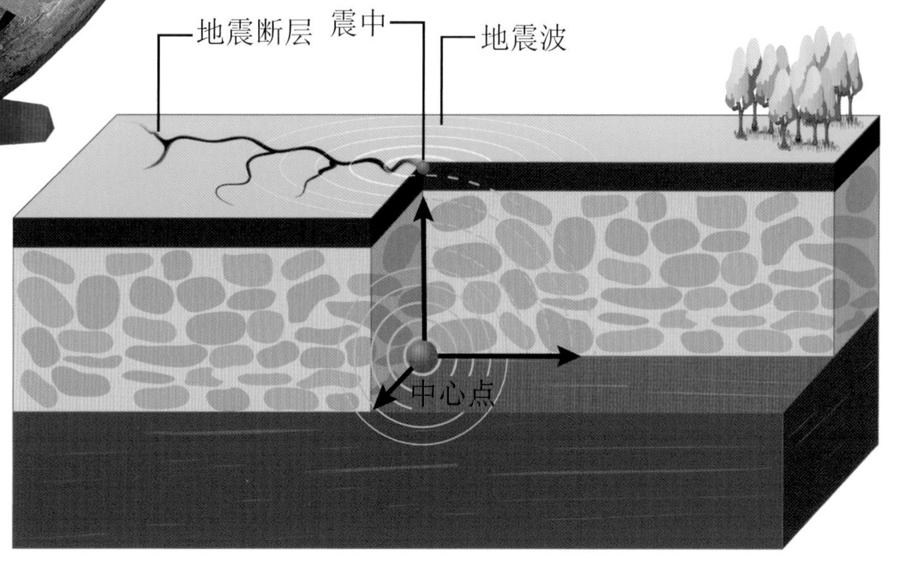

海啸来了

海啸是一种破坏性极强的系列巨浪，按成因可划分为地震海啸、火山海啸、滑坡海啸。局部气象变化也会引发海啸。海啸摧毁堤岸，淹没陆地，夺走生命财产，对人类的危害极大。

亚延地带

历史记载显示，有史以来几次破坏性极大的海啸都是由海底地震所引发的。而且大多数海底地震都发生在太平洋边缘地带，此地带称为“亚延地带”。

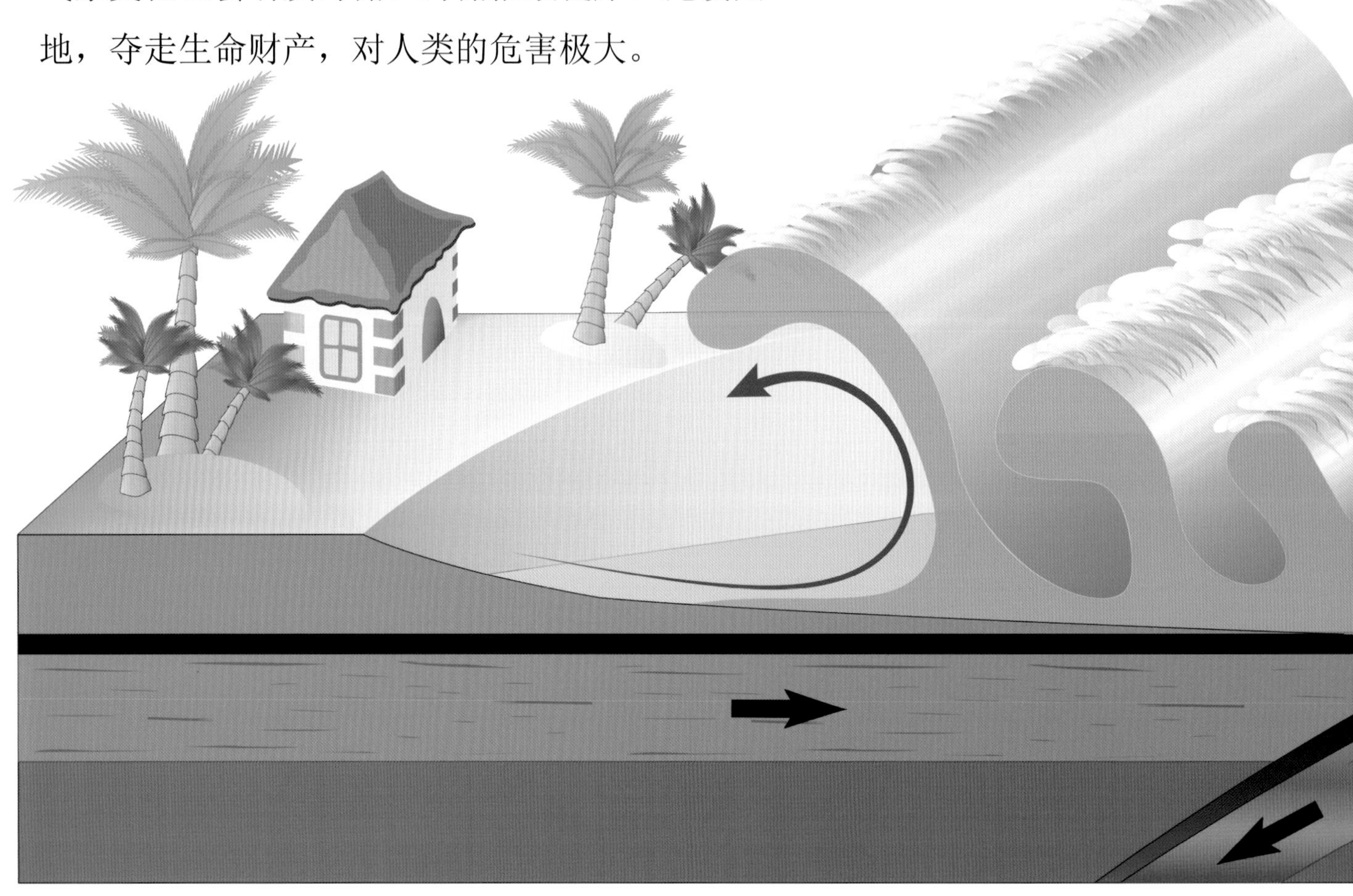

圆形波纹

海底地震经常发生在“亚延地带”，海洋板块亚延地带的边缘经常会出现巨大的裂纹，进而导致一部分海底会突然上升或者下降，犹如在平静的水面抛入一块石头，会产生“圆形波纹”，故而引发海啸。

海面“水墙”

海啸登陆前，会出现海水异常的暴退或暴涨。在距离海岸不远的海面，海水忽然变成白色，在它的前方出现一道“水墙”，并伴有巨大的隆隆声。位于浅海区的船只突然出现剧烈的上下颠簸。此外，海岸边会出现大量的深海鱼类，以及海水发出“吱吱”的声响等，都是海啸来临前的预兆。

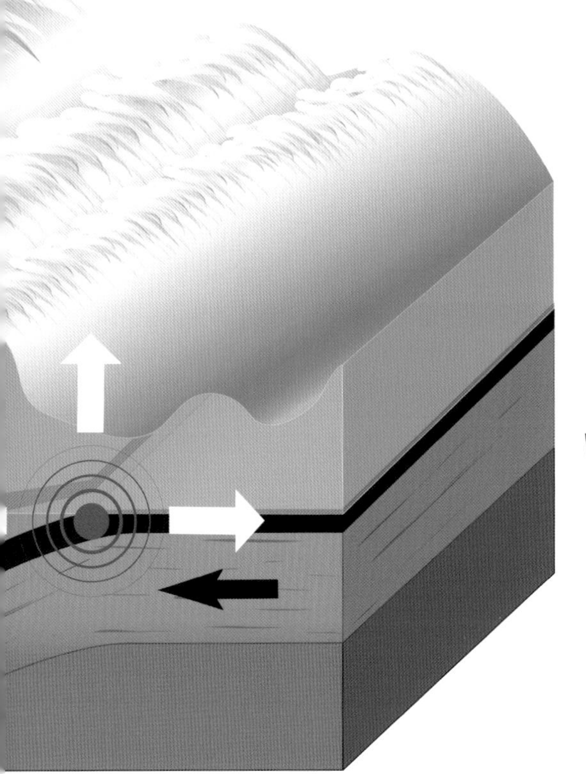

海啸之殇

截至目前，世界上影响范围最大、最严重的一次海啸灾难是智利大海啸。记录到的海浪最高的海啸是利图亚湾海啸，1958年7月9日，利图亚湾发生了人类记录到的史上最高的海啸，高度达524米高。

印度洋大海啸

发生在21世纪初的印度洋海啸是有史以来最为惨重的几大海啸之一。2004年12月26日，印度尼西亚苏门答腊岛海岸发生里氏9.0级的强烈大地震。地震持续时间长达10分钟。此次地震引发的海啸甚至危及远在索马里的海岸居民。仅印度尼西亚就死亡16.6万人，斯里兰卡死亡3.5万人。印度、印度尼西亚、斯里兰卡、缅甸、泰国、马尔代夫和东非有200多万人无家可归。

▼ 海啸袭击城市

快跑啊！
海啸来了！

神秘的极昼和极夜

极昼和极夜是周期性发生在南北两极的一种特定的自然现象。在一年中的某个时间段，极地的白天会越来越长，直至太阳全天不落下，天空总是亮的，黑夜消失了；而在一年中的另一段时间，极地的黑夜又变得越来越长，直至太阳不再升起，白天消失了。

昼夜半年交替

在南极洲的极地圈附近地区，一天24小时的昼夜更替规律和生活节奏常常被打乱。那里白天黑夜交替的时间是整整一年，一年中有半年是连续白天，半年是连续黑夜。

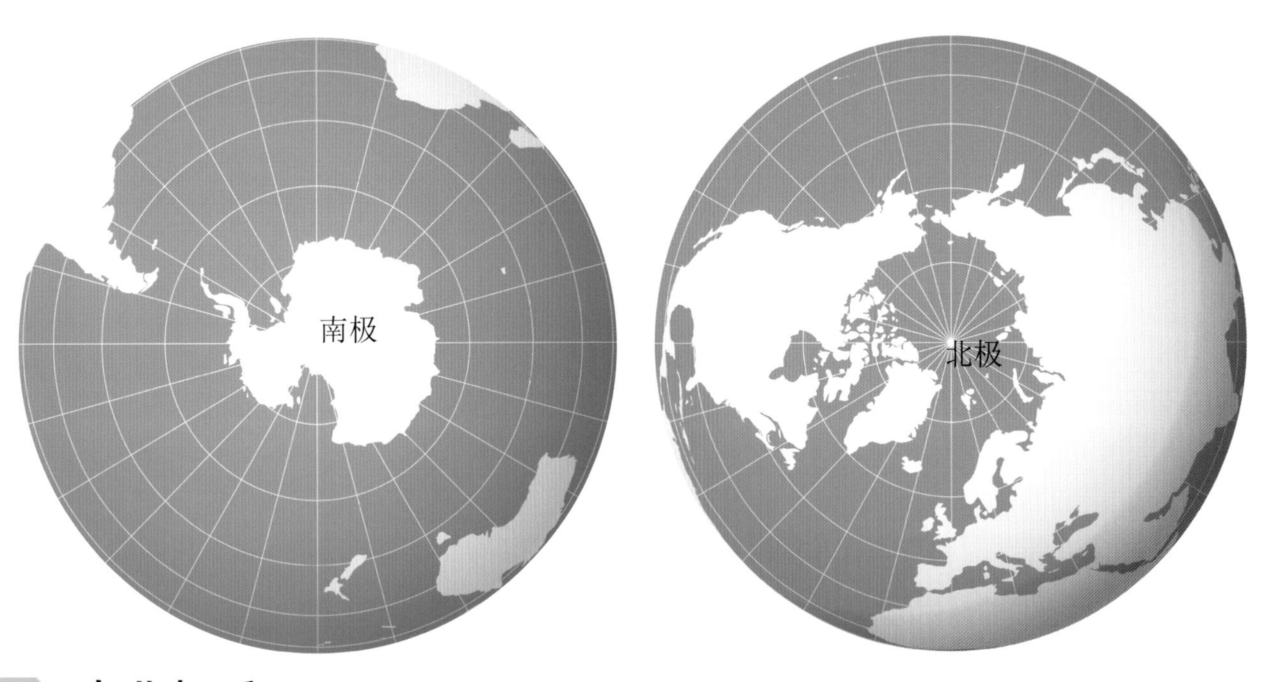

南北相反

地球自转轴的倾斜造成了南北两极的极昼和极夜现象，极昼和极夜的长短随纬度的不同而变化。在北极点和南极点，极昼和极夜分别达到半年，前半年北极是白天，南极是黑夜，后半年北极是黑夜，南极是白天。所以对于北极点和南极点，一年就只有一个昼夜。

如何形成

地球是一个庞大的球状天体，地球本身在自转的同时绕太阳公转，在公转时有一个相对固定的倾角，以上因素共同作用形成独特的极昼和极夜现象。这就是太阳直射点的变化。

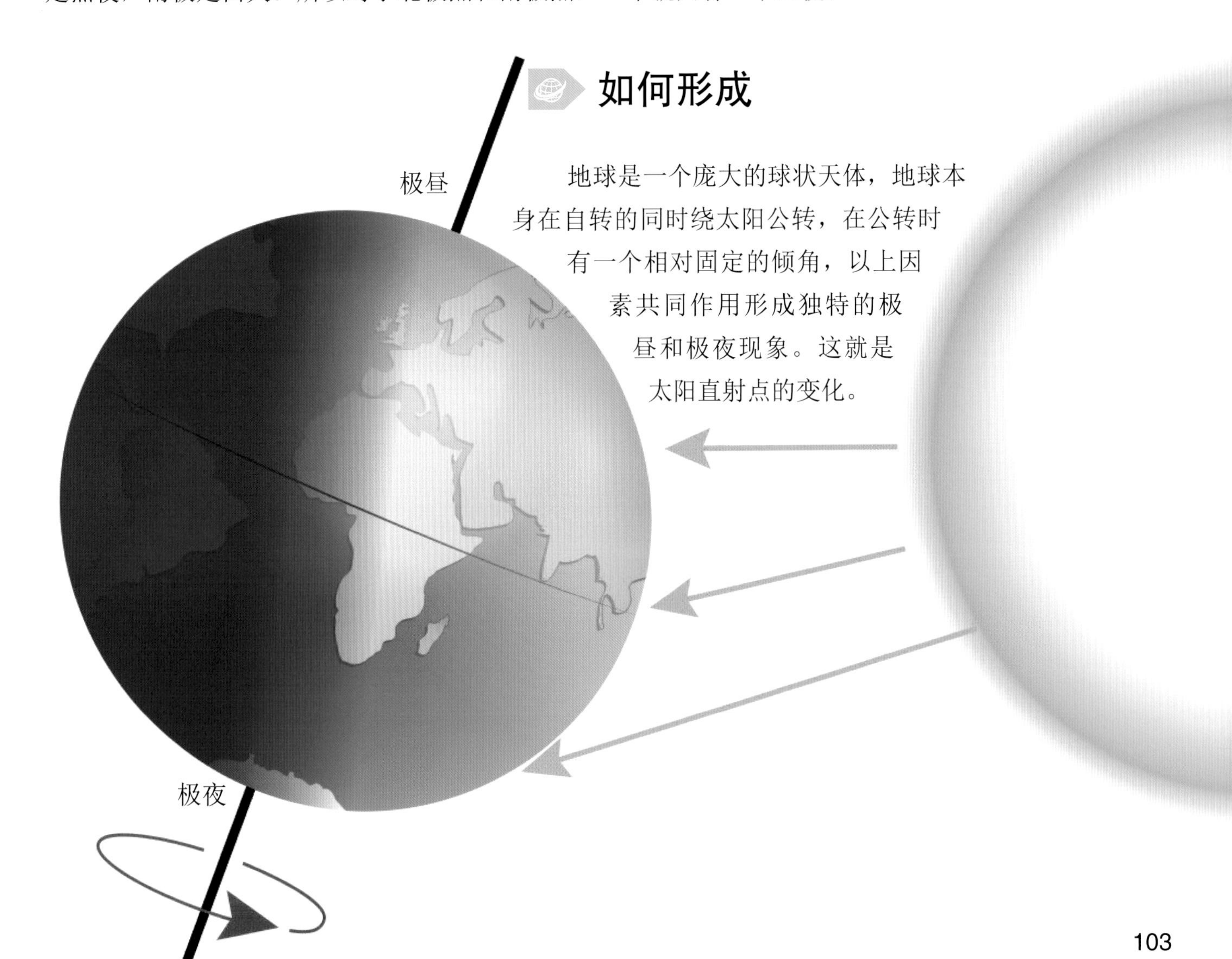

绚丽的彩虹

彩虹是炎热的夏天送给人们的一幅美丽的画。在雨过天晴之后，人们有时会看见一架七色的彩桥悬挂在空中，这就是彩虹。

幸福的通天桥

在遥远的古代，人们把彩虹视为通往幸福的通天桥，民间也因此流传着许多美丽的传说。传说在很久以前，有个贫穷的男孩儿曾经循着彩虹，找到了天堂的入口。他在仙境中度过了一段非常幸福的日子。不过，他始终不属于天堂，在离开的时候，他向仙女要求回来造访。仙女不忍拒绝他，便往人间撒下七色仙粉，仿造仙土，这就是七色彩虹土。

彩虹并不神秘

我们平时看到的白色日光，是由红、橙、黄、绿、蓝、青、紫七种单色光混合而成。下过雨后，许多微小的水滴飘浮在空中，当阳光照射到微小的水滴上时，会发生折射，分散成七种颜色的光。很多小水滴同时把阳光折射出来，阳光再反射到我们的眼睛里，我们就会看到一条半圆形的彩虹。

出现规律

彩虹是因为阳光照射到空气中的小水滴所造成的阳光的反射及折射现象。一般多形成在下午，天气刚刚转晴的时候。那时候空气中尘埃少，又布满了小水滴，在阳光的照射下，极容易形成彩虹。

风雨彩虹

彩虹的出现与天气有着密切的关系，农谚语：东虹日头西虹雨，南虹出来下白雨，北虹出来卖儿女。说的是：东边出彩虹天要晴了；西边出彩虹天晴不了，还继续下雨；南边出现彩虹，要下暴雨；北边出现彩虹，天要出现干旱，庄稼没收成。

通红的火烧云

火烧云是一种自然现象，显示了大气变化，经常出现在日出或者日落时分。火烧云出现时天边的云彩被染得通红一片，像被火烧的一样。人们习惯把这种通红的云，叫作火烧云，又叫作朝霞或晚霞。

湛蓝的天

天空散射的太阳光能射到我们的眼睛里。阳光要穿透大气层才能被我们看见，大气层中有许许多多的气体分子，太阳光里的红、橙、黄、绿几种色光几乎全部能被水分子吸收，只把青、蓝、紫几种色光拦住。而这几种光中，又数蓝色光反射得最多，所以把整个天空染成了蓝色。

七色光

太阳光是由红、橙、黄、绿、青、蓝、紫七种有色光组成的。这七种有色光的光波长度不同，其中红色光波最长，穿过空气层的本领最大，橙、黄、绿光的光波次之，穿过空气层的本领也稍弱些，而青、蓝、紫光光波最短，穿过空气层的本领也最差。

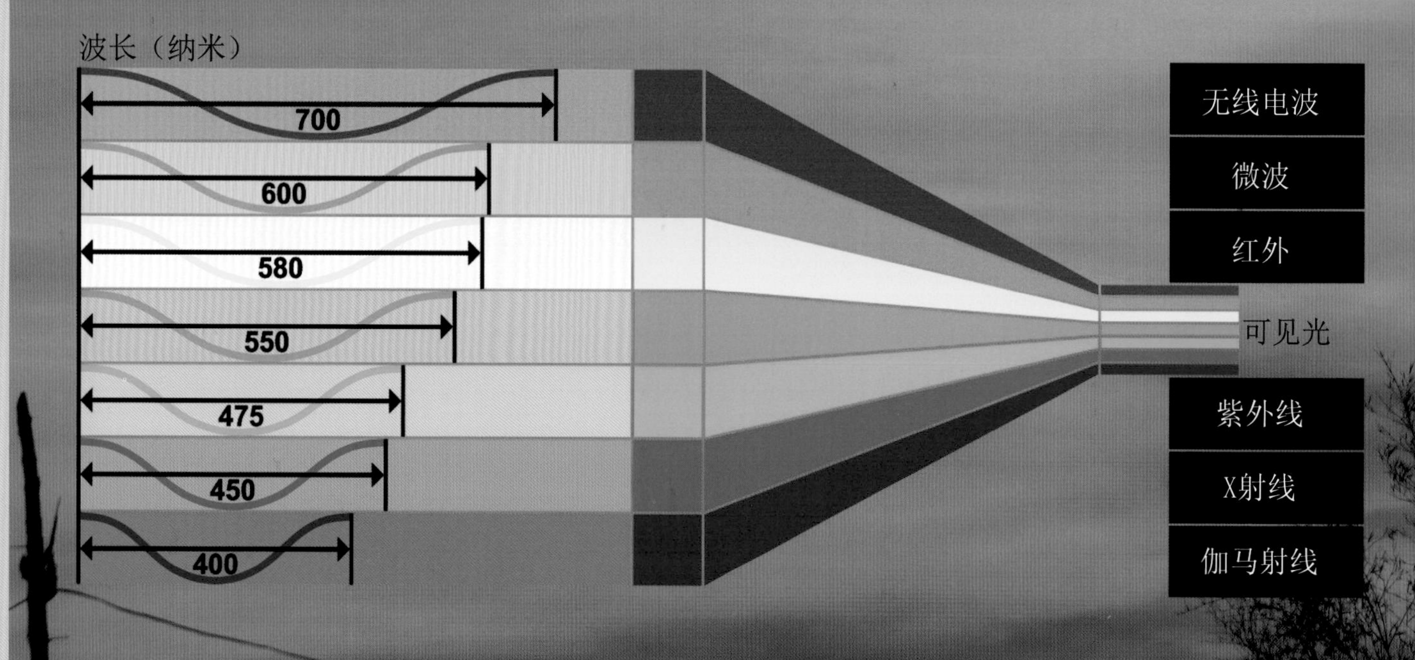

红霞满天

为什么我们看到的朝霞或者晚霞有时候是红色的，可谓红霞满天。这里其实包含着一种大气物理现象。当太阳光射入大气层后，在大气分子和悬浮的微粒作用下，会发生散射，每一个大气分子都是一个散射的光源。在早晨和傍晚，地平线上空的红色波光较长，容易被散射，就形成了红霞满天的火烧云。

“早烧不出门，晚烧行千里”

人们通过对火烧云的观察，发现火烧云有时也可以预测天气，于是民间就流传着“早烧不出门，晚烧行千里”的谚语，意思是说，火烧云或火烧天如果出现在早晨，就有可能会变天，而出现在傍晚，就预示着明天一定是个好天气。

日“晕”和月“晕”

“晕”是大自然的一种光学现象，经常出现在天气变化之前，在太阳或月亮的周围，产生一个甚至两个以上的彩色或白色光圈，而且太阳光和月亮光也似乎暗淡了许多。我们把太阳或月亮周围出现的这种光圈叫作“晕”。

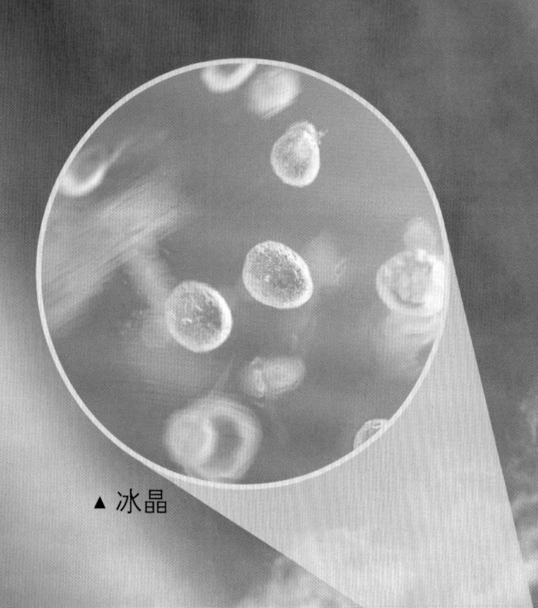
▲ 冰晶

日晕如何形成

太阳周围出现的光圈叫作日晕，一般呈现内红外紫的晕环。日晕形成的原理：当太阳光线射入卷层云中的冰晶后，经过两次折射，分散成不同方向的各色光。在太阳周围的同一圆圈上的冰晶，能将同颜色的光折射到我们的眼睛里而形成内红外紫的晕环。

日晕

日晕的出现与高云有关，高云的主要成分是微小的冰晶，这些冰晶的作用相当于三棱镜。当太阳光穿透高云中的冰晶时，三棱镜发生多次折射，就产生了日晕。在太阳周围出现一个或两个甚至两个以上以太阳为中心内红外紫的彩色光环，有全圈晕和缺口晕之分。

月晕

月晕与日晕的形成原理是一样的，月光通过云层，也会受到小冰晶的折射，在月亮的周围出现了一个白色圆圈，即月晕。

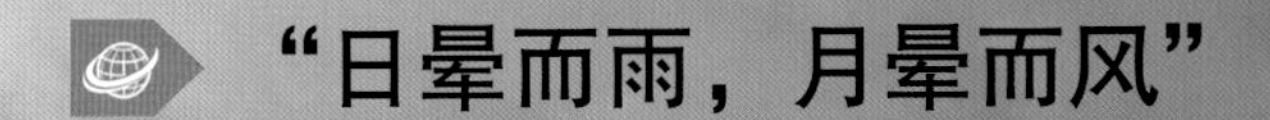

“日晕而雨，月晕而风”

“晕”的出现往往预示着刮风下雨很快到来。但也不是出现“晕”就一定会刮风下雨，判断刮风下雨的主要方法，就是观察卷层云形成后的中低云是怎样进展的。就生活经验来看，一般日晕预示下雨的可能性大，而月晕多预示着要刮风。所以中国古代有“日晕而雨，月晕而风”“日晕三更雨，月晕午时风”“日戴晕，常流水”等说法，将这两种“晕”作为预测天气的依据，有时很灵验。

震撼人心的极光

极光固定出现在南北极，它是一种源于太阳的带电粒子流进入地球磁场引发的等离子体现象。极光产生的条件有三个：大气、磁场、高能带电粒子。极光一般呈带状、弧状、幕状、放射状，这些形状有时稳定，有时连续变化。

空间天气

如果只是简单地抬头以肉眼观测太阳，它发出的光几乎没有任何改变，太阳总是持续、稳定地输出能量。然而，如果借助天文望远镜观察太阳的电磁波谱，会发现太阳的本质是一个移动的、动态的等离子球，它并不稳定。这种有规律的起伏变动导致了空间天气。

“焰火盛会”

2010年8月1日，一场由太阳风暴引发的壮丽的北极极光“焰火盛会”，出现在美国密歇根州、丹麦和英国等纬度稍低的地区的夜空。当时携带大量带电粒子的太阳风准确无误地“击中”地球，但并没有像事先推测的那样破坏全球的卫星和电信系统，却给地球带来了一场壮丽的“焰火盛会”。

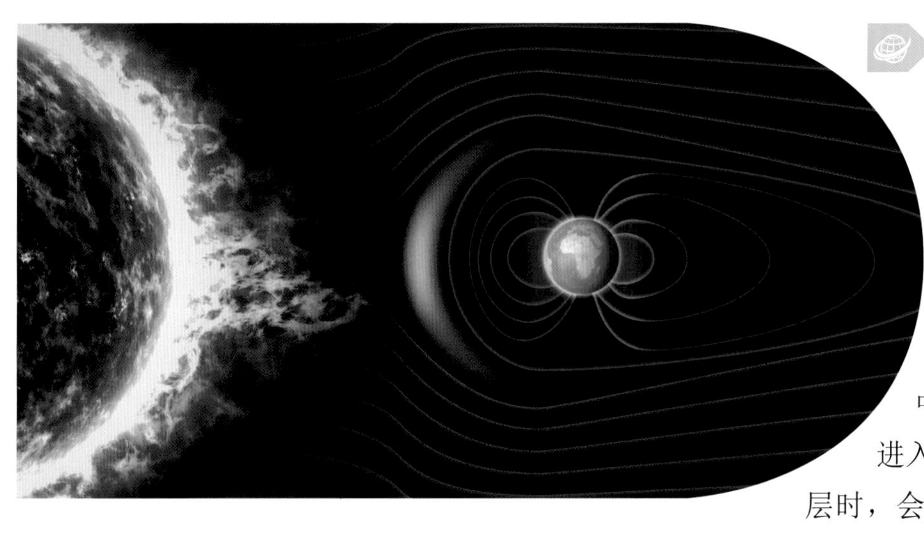

能量撞击磁场

大多数空间天气现象是由发端于太阳表面的高能带电粒子流所携带的能量驱动造成的。当来自太阳的放电以足够的力量撞击磁层中的带电粒子时，两者都能进入上层大气。当它们到达大气层时，会释放能量，导致大气中的成分发光。目睹过极光的人都会惊叹大自然的鬼斧神工，光的变化和闪烁是那么迷人。

南极极光

一般情况下，极光更容易发生在南极极光椭圆内，这有一定的科学道理。一般在地球处在夜晚的时候，极光椭圆区域会被更强的太阳辐射扩大。因此，当太阳表面的活动增加时，通常可以产生更明亮的极光。同时，由于极光椭圆的扩大，我们会在南部高纬度地区更容易看到极光。

太阳风暴之翼

一场足够强大的太阳风暴对地球上的电力、导航、通信系统和卫星的破坏是显而易见的，1859年的卡灵顿事件很好地诠释了这个推断。它是有记录以来最大的太阳风暴之翼。在它发生之前，太阳黑子剧增，这场风暴产生的极光最远可以到达加勒比海南部。

绚丽的极光

南极大陆是一个冰雪覆盖的高原，极地风光美得撼人心魄，在漫长而寂寞的越冬生活中，绚丽的极光更是大自然馈赠给人们最好的礼物。极光多种多样、五彩缤纷，在自然界中几乎没有哪种现象能与之媲美。任何彩笔都很难描绘出那在严寒的两极空气中嬉戏无常、变幻莫测的炫目之光。

海洋的面纱

对于我们人类，对于地球上所有的生灵，海洋是地球母亲最无私的馈赠。一位哲人说过：海洋养育了我们，我们要感谢海洋。海洋作为孕育生命的摇篮养育了我们，我们光滑的皮肤、我们血管里的血、我们体内循环的水，都是海洋的赐予，我们只是海洋的一分子。

海洋的形成

海洋的形成伴随着整个地球的演化进程。目前，关于原始海洋的起源，最主要有两个假说：一是自源说，即地球形成过程中就自带了水；二是外源说，是指地球以外的天体送来了水。目前比较主流的观点认为，地球海洋的来源是自源说和外源说的结合。

五大洋

五大洋分别是太平洋、大西洋、印度洋、北冰洋和南大洋。

生命的摇篮

在久远的原始地球上，“原始海洋”慢慢形成，广袤巨大的水体，万物际会，生机盎然，大量的有机物不断从海洋中孕育生成。而且海洋中的盐分很低，这为生命的出现提供了强大的有利条件。在各种反应下，海洋中形成了种类各异、数量庞大的化合物，海洋也因此成为“生命的摇篮”。

冰彗星说

20世纪末，科学家预测，地球的海水可能来自冰彗星。美国科学家提出一种新的假说：大量的冰彗星进入地球大气层，经过数亿年，或者更长的时间，地球表面得到非常多的水，于是就形成了今天的海洋。但是，这种理论也有它不足的地方，缺乏海洋在地球形成发育的机理过程，而且这方面的证据也很不充分。

咸涩的海水

海洋也被称作盐的“故乡”，咸涩的海水含有约3.5%的盐。海水中的盐类成分不同，其中绝大部分是氯化钠，也就是我们每天离不开的食盐。海盐生成于海底的火山和地壳的岩石。岩石受风化而崩解，释出盐类，再由河水带到海里去。在海水汽化后再凝结成水的循环过程中，海水蒸发后，盐留下来，逐渐积聚到现有的浓度。海洋所含的盐极多，可以在全球陆地上铺成厚约1500米的盐层。

海洋的演化

海洋的形成和演化进程是整个地球生命演化进程的缩影，今天的海洋是在一次次的板块运动过程中逐渐形成的。海洋有机物大约出现在38亿年前，先有低等的单细胞生物，在约6亿年前的古生代，有了海藻类，在阳光的光合作用下，产生了氧气，慢慢积累，形成了臭氧层。此时，生物开始登上陆地。经过水量和盐分的逐渐增加及地质历史上的沧桑巨变，原始海洋逐渐演变成今天的海洋。

太平洋

太平洋是世界上最大的海洋，是充满活力的水体，约占地球表面积的35%，占总海洋面积的一半，它拥有4个深度超过1万米的海沟，很多美丽的环礁和岛屿，蕴藏着丰富的矿产资源和渔业资源。在大部分时间里，太平洋都以平静美丽的面貌展现在人们面前。

亚洲
太平洋
印度洋
大洋洲
南大洋
南极洲

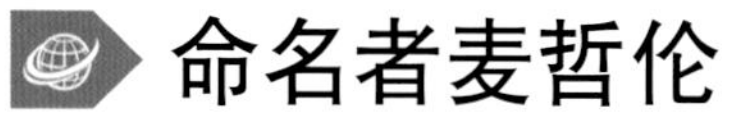

命名者麦哲伦

葡萄牙人麦哲伦带领舰队完成了人类首次环球航行，是一位伟大的航海家。1519年8月，麦哲伦的船队在大西洋里一路向南航行，在德雷克海峡遭遇了狂风巨浪。当船队终于成功穿越海峡，眼前一片全新的广阔海洋展现在眼前时，船员们兴奋地说：这真是一个太平洋啊！“太平洋”这个名字预示着好的航行状态，很快就在水手中间传开，最终成为国际通用的名字。

太平洋有多大

太平洋确实很大，作为地球上面积最大的大洋，太平洋总面积达到18134.4万平方千米。这就意味着，太平洋可以容纳4个亚洲、10个南美洲。

太平洋形成假说

目前关于太平洋的形成有三种观点：太阳引力说、陨石撞击说、板块构造说。也有科学家认为，月球曾经是地球的一部分，脱离地球后的空缺就是如今的太平洋。

温暖的大洋

虽然太平洋北接北冰洋，南临南极洲，但是它一半的水域都处于热带、亚热带地区，气候温暖，阳光强烈。因此它也成为了全球最温暖的大洋，平均水温19.1摄氏度。它的蒸发量也很可观，为大气提供了很多水分。

全球最大的渔场

太平洋西北部是世界渔业资源最丰富的海区之一，得益于寒暖流交汇，形成了面积很大的渔场。南太平洋的大部分海区总体处于比较健康的状态，广泛生长的珊瑚礁养育了各种各样的热带鱼类。太平洋浅海渔场面积约占世界浅海渔场面积的二分之一，海洋渔获量占世界渔获量一半以上，拥有世界四大渔场之中的北海道渔场和秘鲁渔场。

大西洋

大西洋是世界第二大洋，面积为7676.2万平方千米，平均深度为3627米，最大深度9219米。它把南北美洲与欧洲和非洲分割开来，使它们隔洋相望。

北美洲

南美洲

源自神话

阿特拉斯是古希腊神话传说中的大力士神的化身，众神之王宙斯强行命令阿特拉斯支撑石柱，使天和地分开，于是阿特拉斯成了古希腊人民心目中的英雄。最初希腊人以阿特拉斯命名非洲西北部的土地，后因传说阿特拉斯住在遥远的地方，人们认为一望无际的大西洋就是阿特拉斯的栖身地，因此大西洋的名字延续了下来。

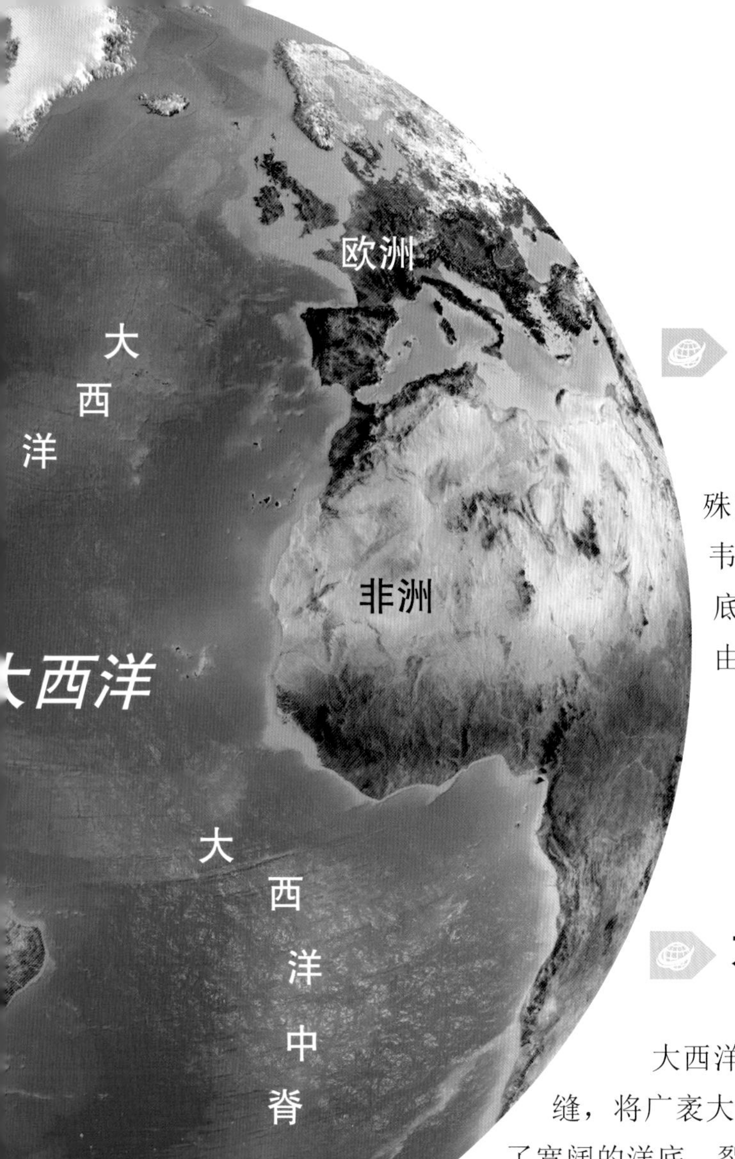

大西洋中脊

大洋中脊又称海岭，是大西洋洋底地形中最为特殊的洋底奇观。它北起冰岛，纵贯大西洋，南至布韦岛，然后转向东北与印度洋中脊相连，是大西洋底最重要和最突出的地形单元。大洋中脊形似S，由一系列狭窄和被断裂分割的平行岭脊组成。

不断扩张

大西洋形成于1.8亿年前，最初它只是地壳中的一条裂缝，将广袤大陆分割开来。由于裂缝不断扩大，新的岩石形成了宽阔的洋底，裂缝形成了大西洋中脊。一直以来，大西洋以每年2.5厘米的速度不断扩张。这是因为大西洋中心有一条长长的不断扩张的裂缝，而不会破坏洋底的俯冲带。

印度洋

印度洋横跨亚洲、非洲、大洋洲和南极洲，其水域的大部分处在南半球。同时因主体海域位于赤道、热带、亚热带范围内，也因此被称为“热带海洋”。它是世界第三大洋，平均深度3872.4米，最大深度在阿米兰特海沟，达9074米。

印度洋的诞生

按照地质年代推算，印度洋是世界上最年轻的大洋，它诞生于中生代。过去，印度半岛、澳大利亚、南极洲和非洲的南半部是连在一起的古老大陆。地球内部不断释放的伟大力量无情地撕裂了这块古陆，它的“碎片”各奔东西，印度洋洋盆随大陆漂移也不断扩展，原始的印度洋诞生了。

黄金水道

印度洋，联通全球四大洋，处于枢纽位置，地位十分重要。东亚从非洲和西亚地区进口石油必须经过印度洋；亚洲、欧洲和非洲的经济贸易海上航线也都在印度洋。最繁忙的马六甲海峡沟通了印度洋与太平洋。在印度洋北部，阿拉伯海和波斯湾处的石油海峡显得十分拥挤。甚至有“谁控制了印度洋，谁就掌握了世界经济命脉”一说。

红海

在古希腊，历史学家希罗多德（前484—前425年）所著《历史》一书及其编绘的世界地图中，印度洋被称为“厄立特里亚海”。“厄立特里亚”希腊文原意为红色，全名译为红海。

季风洋流

在世界四大洋中，季风洋流现象为印度洋所特有，这是由于印度洋与亚洲大陆特殊的交互作用而引起的。夏季，强劲的西南风从海洋吹向大陆，风速达12米/秒；冬季，凛冽的北风和东北风从亚洲大陆吹向海洋。

“印度洋”的由来

在明朝初期，我国著名航海家郑和，曾率船队七下“西洋”，就是现在的印度洋。到了公元1515年，在欧洲地理学家舍纳画的地图上，这片大洋被称为“东方之印度洋”。古代欧洲人知道东方的印度是个非常文明和富饶的国家。15世纪末，葡萄牙航海家达·伽马绕过好望角，进入这个大洋，并找到了印度，就正式把“通往印度的洋”称为印度洋了。

北冰洋

北冰洋是世界最小、最浅的大洋，北美洲、欧洲和亚洲环绕在它的四周。面积为1475万平方千米，不到太平洋面积的10%，约占世界海洋总面积的4%。平均深度为1225米，最深处为5527米。

正对大熊星座

作为世界上唯一无人居住的海洋，北冰洋环绕北极中心区域漫延开来，它是世界大洋中跨越经度地域最广的海洋。北冰洋的名称源于希腊语，意即正对大熊星座的海洋。1650年，德国地理学家瓦伦纽斯首先把它划成独立的海洋，称大北洋；1845年伦敦地理学会将它命名为北冰洋。改为北冰洋一是因为它在四大洋中位置最靠北，二是因为该地区气候严寒，洋面上常年覆有冰层。

白色海洋

按照水体流动现状，人们把北冰洋描绘成一块覆盖在北极圈的巨大冰块也不为过。北冰洋三分之二的海域基本都是厚1～4米的冰层。北冰洋中央的海冰已持续存在300万年，属永久性海冰。在北冰洋周围的边缘海，有数不清的冰山，高度虽然比不上南极的冰山，但外形奇异。冰山顺着海流向南漂去，有的从北极海域一直漂到北大西洋。由于漂流路线不固定，所以给航行在北大西洋上的船只带来很大的危害。

亚洲

欧洲

海冰融化

在北冰洋中，靠近北极的海域常年处于冰冻状态，冬天覆盖在这一海域上的海冰是其他季节的两倍多。但是近年来，由于气候变暖，这些冰在不断减小。由于全球变暖，北冰洋成了地球上温度上升最快的地方。夏季，越来越多的海冰融化，原本被冰雪封锁的航道也开始通航。

曲折的海岸线

在四大洋和七大陆中，陆地与海洋的分界线就是海岸线，基本以海潮高潮所到达的界线来划定。地质历史时期的海岸线，称古海岸线。海岸线分为岛屿岸线和大陆岸线两种。

海岸线不是一条线

严格意义上讲，海岸线其实并不是一条线，在地理学上，它是一个比较抽象的概念。作为平均大潮高潮时水陆分界线的痕迹线，一般可根据当地的海蚀阶地、海滩堆积物或海滨植物确定。不同测绘人员会有不同的结论，如果沙滩比较平缓，误差可达几十米。为测绘、统计使用上的方便，地图上的海岸线是人为规定的。一般地图上的海岸线是现代平均高潮线。

中国大陆海岸线

中国大陆海岸线漫长，逶迤延伸长达18000多千米。北起辽宁的鸭绿江口，南达广西的北仑河口，自北向南濒临的近海有渤海、黄海、东海和南海。

领海

“领海”的概念出现在17世纪，在当时的法学界已经将领海的宽度做了一般意义上的规定。领海是沿海国领土的组成部分，处于沿海国主权之下，国家主权涉及领海的水域、上空、海床及底土，国家对领海内的一切人、物、事件具有排他的管辖权。但在一国领海内，外国船舶享有无害通过权。

12 海里

作为一个国家的海权，12 海里具有特殊的意义和价值。1982 年通过的《联合国海洋法公约》规定：“每一个国家有权确定其领海宽度，直至按本公约确定的基线量起不超过 12 海里的界限为止。”这一规定，既解决了数百年来悬而未决的领海宽度问题，又满足了中小海洋国家在防务和安全、资源的经济利益方面的需要。

大陆架

大陆架就是大陆向海洋延伸的部分，它与大陆融为一体，只是被海水所覆盖。在地质历史时期的冰期，由于海平面下降，大陆架常常露出海面成为陆地；在间冰期，又被海水所淹没，成为浅海。

繁忙的海滩

海滩是存在于海边，单指海边的沙滩。可分为砾石滩（卵石滩）、粗沙滩和细沙滩，有管理的又称海水浴场。

荣成成山头

成山头被喻为“太阳启升的地方”，有“中国的好望角”之美誉。它坐落在山东省荣成市的成山头风景区，与韩国隔海相望。

普陀山东海岸

中国的普陀山是舟山群岛中的一个小岛，千步沙就位于普陀山下，从普陀山几宝岭北麓到望海亭下，长约1750米。

最长的海滩

世界上最长的海滩是位于亚洲的孟加拉国科克斯巴扎尔海滩。它沿着印度洋岸边延伸，一望无际，总长度约120千米。

中国第一长滩

长达28千米的广东省湛江市东海岛海滩堪称中国第一长滩。它南临太平洋，呈南北走向。宽度随潮位涨落不断变化，相差100～300米，海湾呈新月形，沙细且白。

厦门鼓浪屿

鼓浪屿浴场和黄厝海滩堪称中国厦门最美的海滩，海滩在大海边铺展开一幅美丽的图画，翻滚的浪花冲刷着细白的海沙。碧海、蓝天、白云、帆船、帆板、水滑板和摩托艇组成一幅如诗的画面。冲浪的刺激使人其乐无穷，人们身着色彩缤纷的泳装在沙滩上晒太阳。

大海的呼吸

蔚蓝的海洋是充满生机与活力的浩瀚水体，它日夜不停地翻滚着波涛巨浪。大海也是会呼吸的，它呼吸时威风凛凛，令人生畏。你到海边去看看，那海浪一起一伏地涌向岸边，飞溅起朵朵浪花。海水这种按时涨落的现象，就是大海在有节奏地呼吸，而且天天如此，年年不变。这就是“潮汐”。

潮汐

月球和太阳的引力作用引发潮汐，表现为临近海岸地区海洋水面的升降，这是一种周期性的自然现象。白昼的称潮，夜间的称汐，合称“潮汐”。一般每日涨落两次，也有涨落一次的。海水永不停息地一涨一落，蕴藏着巨大的能量。早在1913年，世界上第一座潮汐电站就建成了。有人做过计算，如果把地球上的潮汐能都利用起来，每年可发电12400亿度，相当于110座葛洲坝水电站的发电量。

钱塘江大潮

中国的钱塘江大潮被称为“天下第一潮”，以其潮高、多变、凶猛、惊险而闻名。这里的“潮”指的就是海洋潮汐，即海水在天体引潮力的作用下产生的周期波动现象。钱塘江最大潮发生在每年中秋节前后，它需要同时满足天文、地理的诸多条件才能形成。“海神来过恶风回，浪打天门石壁开”，这是李白在《横江词六首》中对钱塘江大潮的描绘。

海底潜流

有科学家判断，有一股海底潜流可能存在于百慕大三角区的海底，它的流向可能和海面潮水涌动的方向相反。在远离百慕大的太平洋东南部沿海，曾经发现了在百慕大失踪船只的残骸。当然只有这股潜流才能把这只船的残骸推过来。当上下两股潮流发生冲突时，就是海难发生的时候。而海难发生之后，那些船的残骸又被那股潜流拖到远处，这就是在失事现场找不到失事船只的原因。

写给国王的信

世界著名航海家哥伦布是第一个经历百慕大三角险情的人，在他写给国王的信中描述："当时，浪涛翻卷，一连八九天，我的两只眼睛看不见太阳和星辰……我这辈子看见过各种风暴，但是从来没有遇到过时间这么长、这么狂烈的风暴！"根据哥伦布的形容，在当时的人们看来这只是一场大风暴。但是，大约在1840年，一艘名为"罗莎里"号的船只，运载大批香水和葡萄酒，行驶到古巴附近失去联络。而数星期后，百慕大三角海域内发现了没有任何损坏痕迹，但空无一人的船只。没有人知道那些船员去了哪里，而在这之后，百慕大三角失踪事件频繁发生，这才引起了科学家们的注意。

百慕大三角

百慕大三角是位于美国东南沿海大西洋上的一个三角地带，据说在这个三角地区存在一个巨大的神秘漩涡，可以颠覆吞没路过的船只和飞机，使随行的人员葬身大海。所以又被称为"魔鬼三角地区"。

海浪

海水在海面的翻滚波动现象叫作海浪，是表层海水运动的主要形式。通常所说的海浪，是海洋中由风引起的波浪，包括风浪、涌浪和近岸浪。广义上的海浪，还包括天体引力、海底地震、火山爆发等形成的海啸、风暴潮和海洋内波。

富饶神奇的海域

大海是一座巨大的宝库，海洋中究竟有些什么资源呢？随着海洋开发的不断深入，科学家发现海洋不仅有丰富的资源，而且有些资源的储量还比陆地上大得多，是一个名副其实的“聚宝盆”。

海底矿藏

在世界四大洋中，矿产资源极其丰富，目前，仅海底石油的探明储量就约有1350亿吨，占世界可采储量的45%以上。海底还有蕴藏量巨大的锰矿，四大洋底的锰结核总量3万多亿吨，其中太平洋底最多，约1.7万亿吨，含锰4000亿吨、镍164亿吨、铜88亿吨、钴58亿吨。如果按目前的工业消耗计算，仅太平洋锰结核中含有的金属钴就可以供全世界使用900多年。

海底金银库

科学研究发现，来自海底的热液矿藏是金、银等贵重金属的又一重要来源，被称为“海底金银库”。20世纪80年代以来，在大洋底部张裂的地带发现了30多处由海底溢出物质而形成的矿藏——海底热液矿藏，其总体积约3900万立方米。

海水淡化

海洋是生命的摇篮，它不仅孕育了地球上最早的生命，而且海水本身就是一种宝贵的资源，海水经过淡化能为人类提供取之不尽、用之不竭的淡水。

海洋再生能源

河流能发电，我国的长江上就建有三峡大坝水电站。同样的原理，波涛汹涌的海水永不停息地运动着，它潜藏着巨大的能量。这种能源可以再生，被称为海洋再生能源。海水运动产生的动能、波浪能及潮汐能、海流能，以及海洋不同水层温度差异而产生的温差能，海水与河水交汇处盐度差异而产生的盐差能都很庞大。

可燃冰

可燃冰是一种有机化合物，是可燃烧的天然气水合物。它看似呈冰晶形状，一点火却可以燃烧，所以俗称可燃冰。可燃冰广泛分布在一些陆地永久冻土中、岛屿的斜坡地带、深海地带，以及一些内陆湖的深水环境中。我国首次在青海省海西州的天峻县发现可燃冰。可燃冰资源主要分布在南海、东海和青藏高原冻土带。

海底软泥

磷酸钙是制造水泥的原料，近年来，科学家在海洋的底部发现了一种叫作抱球虫的软泥，它含有95%的磷酸钙。据统计，在四大洋的洋底约50%的面积覆盖着这种软泥。海底岩层中还蕴藏着丰富的铁矿、煤矿、硫矿、岩盐等。此外，海边还有丰富的海滨沙矿资源。

海底真景

海底世界的面貌和陆地非常相像，高大的山脉、深邃的海沟和峡谷以及辽阔的海底平原，错落有致地分布在海底深处。海底就像一个大水盆，边缘是比较浅的大陆架，中间是海底盆地。

马里亚纳海沟

世界上最深的位置是在太平洋板块和菲律宾板块的交界处，也就是马里亚纳海沟，是目前已知地球上最深的海沟，其最深处为海平面下11034米，人们把它命名为斐查兹海渊。据科学家估计，这条海沟形成已有6000万年。

人类最深下潜纪录

2007年6月14日，在希腊的斯派赛斯岛，赫伯特·尼特奇在无任何借助设备的前提下，无限制自由潜水214米，创造了世界纪录。埃及人艾哈迈德·贾迈勒·贾布尔借助简易设备，在红海下潜到332米左右，这个深度已经是人类的生理极限了。日本海沟号（无人潜水器）在马里亚纳海沟进行了水深达10970米的潜航，它也因此成为世界下潜最深的潜水器。

黑暗的海底空间

国际上，海底1000米以下被称为深海，这里难以被阳光照射，有永恒的黑暗和低温，温度只有几摄氏度。这里的生物进化出了独特的生存方式：有的进化出长触须，依靠触须感知猎物；有的进化出血盆大口，增加捕猎范围；有的则进化出发光器，能在黑暗中找寻食物。在海底10000米处，水压相当于1000个大气压。

大洋中脊

分布在海底深处的巨大山脉被称为大洋中脊。这里的地壳活动剧烈，火山爆发和地震十分频繁。

海底火山

目前地球上已知的活火山大约有500座，其中有大约70座在海底，是很多海洋动物赖以生存的靠山。海底火山喷发时，周围的海水温度会迅速上升到300～400摄氏度，有时还会更高。

喧嚣的海洋

海洋从来都是不平静的，海洋中除了循环往复的洋流、永不停息的潮汐、海底地震、海底火山爆发、海上台风，还有和陆地上的大江大河类似的“海底河流”。人类开发利用海洋的各种活动，都让海洋始终处于一片喧嚣之中。

海洋噪声

人类对海洋资源的开发给海洋添加了许多外来的干扰噪声，例如轮船螺旋桨的转动、海上油气钻井平台对海洋深处的钻探敲击、军事活动等行为造成的水下喧嚣，这些噪声让很多海洋生物深受其害。

鲸鱼搁浅

近年来，鲸鱼搁浅事件的频发，不断引起人们的关注，生物学家们对此类事件也在进行科学的分析。他们认为高强度的声音可能导致海洋哺乳动物出现暂时性的听觉缺失。曾经在地中海发生的大规模鲸鱼集体搁浅事件，在时空上与正在进行的军事演习所使用的声呐有关联，被怀疑是鲸鱼的听力损伤所致。

座头鲸的歌唱

美国著名海洋生物学家罗杰·佩恩博士和夫人凯蒂，在一个傍晚，驾着小艇在大西洋的百慕大群岛水域进行考察。他们从放置在海水深处的水听器中，猛然听到从大洋深处传来一阵阵美妙的歌声，它节奏分明、抑扬顿挫、交替反复，很有规律，持续时间长达30分钟。这奇特的歌声引起佩恩夫妇和许多生物学家的兴趣，经多次探索发现，原来是座头鲸在“引吭高歌”。

风暴之角——好望角

1487年8月，葡萄牙航海家迪亚士率探险队从里斯本出发，试图找到一条通往印度的海上航路，同时寻找通往马可·波罗所描述的东方“黄金乐土”的海上通道。当船队航至大西洋和印度洋交界的水域时，海面狂风大作、惊涛骇浪，几乎使整个船队覆没。第二年，他们再次航行这一水域，在返航途中，再次经过好望角时正值晴天丽日。船员们惊异地凝望着这个隐藏了多个世纪的壮美的岬角。他们不仅发现了一个突兀的海角，而且发现了一个新的世界。感慨万千的迪亚士据其经历将其命名为“风暴角”。此后，葡萄牙国王约翰二世将“风暴角”改称“好望角”，成为欧洲人进入印度洋的海岸指路标。

多彩的海底珊瑚礁

珊瑚礁主要由珊瑚虫构成，珊瑚虫是海洋中的一种低等级腔肠动物。它捕食海洋里的细小浮游生物，在生长的过程中不断吸收海水中的钙和二氧化碳，然后分泌出石灰石，作为自己生存的外壳。

珊瑚虫堆积

每一只珊瑚虫只有米粒般大小，但它们群居生活，一代代地生长繁衍，不断分泌出石灰石，最终黏合在一起。这些石灰石不断地压实和石化，最终形成了岛屿和礁石，而这些岛屿和礁石就是珊瑚岛和珊瑚礁。

大堡礁

珊瑚礁主要分布在热带浅海，世界上最大的珊瑚礁是澳大利亚的大堡礁。它位于澳大利亚昆士兰州的东北海岸，长度绵延2011千米，是世界七大自然奇景之一。这里是成千上万种海洋生物的安居所，这里的生态环境构成了世界上最大的生态系统。

伪装大师——八爪鱼

国外有一名潜水员曾在加勒比海中打算亲睹海底珊瑚礁的美丽景色，但当他一直潜游时，突然感觉暗礁“移动”。原来是一条八爪鱼运用隐身机制，改变了自己的颜色及纹理，隐藏在暗礁之中，以躲避敌人的攻击。

物种丰富的海洋区域

珊瑚礁为很多海洋动植物提供生存空间、庇护处、食物等，包括蠕虫、软体动物、海绵、棘皮动物、甲壳动物。珊瑚礁也是大型鱼类的孕育温床，是很多鱼类幼鱼的生长地，当它们长到足够大时就可以遨游至海洋的深处了。所以珊瑚礁是地球上生物多样性最丰富的海洋区域之一，其间拥有数千个相互依存的物种。

海洋生物巨无霸

海洋动物巨无霸是海洋中的庞然大物，它们分属于不同的海洋生物种类，虽说有些已经濒临灭绝，但今天我们依然可以看见它们畅游大海的矫健身姿。

太平洋巨型章鱼

生活在太平洋深处的巨型章鱼，一般出没在海水温暖和浮游生物丰富的海域。通常情况下，太平洋巨型章鱼以虾、蛤蜊和龙虾为食，但同时它们也有能力捕食鲨鱼。它们会用嘴咬穿猎物，将其撕开，然后再加以吞咽。世界上最大的章鱼是一只周长9.1米，重达272千克的巨型章鱼。

蓝鲸

地球动物界，蓝鲸是历史上最具代表性的哺乳动物，在同类中它们的体积、体重都是无与伦比的。虽说它濒临灭绝，但我们仍可以在大海中看到它们畅游的身影。蓝鲸的一条舌头就相当于一头大象的重量，其心脏的重量堪比一辆车。整体重量高达181吨，是25头非洲象的重量。蓝鲸通常以每小时8千米的速度在大海里悠闲地游着，但如果它感觉受到了威胁，前进时速则可达32千米。

大王乌贼

大王乌贼一般生性凶猛，主要以海洋中的各种小鱼和其他动物为食物，它也是海洋中最神秘的一类生物，是世界上现存的最大的无脊椎动物。大王乌贼一般长约10米，有记录显示，最大的大王乌贼则长达18米，重约1吨。大王乌贼在自己的栖息地内总是来无影去无踪。这类巨型乌贼的眼睛大得惊人，可能是因为它们常年生活在深海，深海没有自然光，大王乌贼为了捕捉到微弱的光寻找食物而进化出大眼睛的。

狮鬃水母

在海洋中的无脊椎庞然大物中，唯一比神秘的大王乌贼还要长的恐怕就是狮鬃水母了。它的触须长度超过30米，这与海中“巨无霸”蓝鲸相比毫不逊色。水母是海域中最古老的食肉动物，约6.5亿年前，水母就已生活在海洋中，这甚至比恐龙在地球上出现的时间还早。狮鬃水母以捕食小型鱼类、浮游动物和其他水母为食，它们虽然没有大脑，但都是游泳健将，所以捕食对它们来说是轻而易举的事。

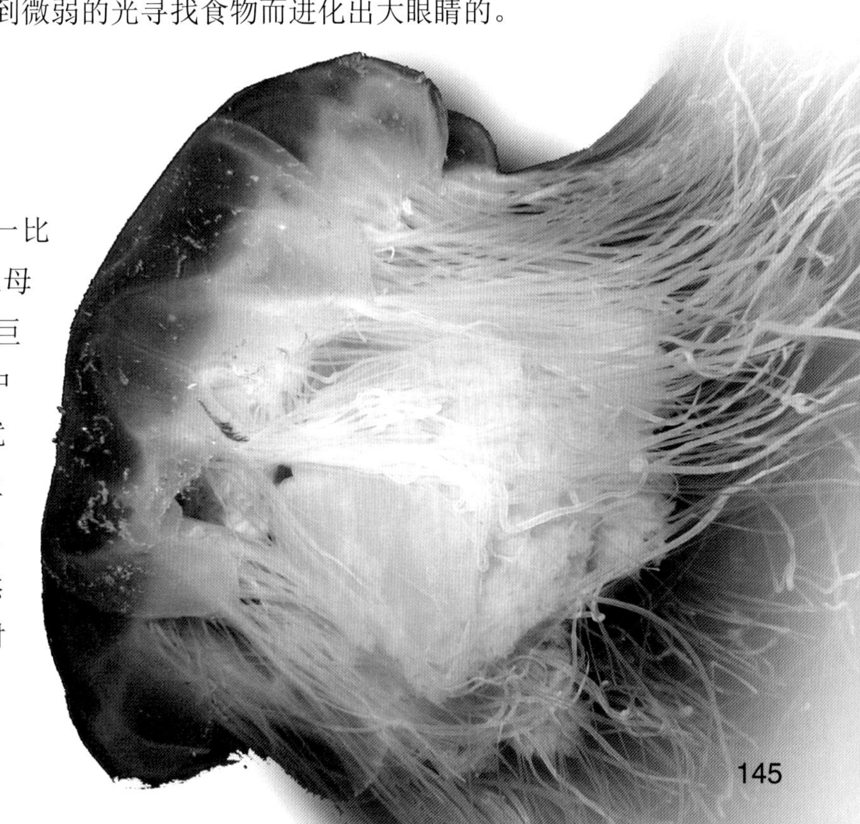

公牛鲨

公牛鲨是世界上最危险的鲨鱼，它们生性凶猛，极具攻击性，是在浅水域生活的各类生物中顶级的猎食者。在世界各地也经常发生公牛鲨袭击人类的事件。它们与虎鲨、柠檬鲨是近亲，都是鲨鱼家族中较小的成员。它们可以长到3米长，体重在220千克左右。

海底石油知多少

世界海洋石油资源是人类未来能源开发的重点方向，目前已探明的储量约为1350亿吨，占全球可开采石油总量的45%以上。而且海洋油气储量也很丰富，海洋油气产量将会稳步上升，成为世界油气产量增长的主要源泉。

盐丘里的宝藏

早在1938年，美国一家小公司就开始在亚拉巴马州的墨贝尔湾进行勘探，但没有发现值得钻探、开采的东西。那么，怎么才能确定海底有没有石油呢？对于石油勘探者来说，关键就在于沉积物下面有没有发现盐丘状的结构。所谓盐丘，就是盐受到挤压，在地表形成的硬块，石油和天然气被包裹在盐丘内部的各层之间。

中国第一个海上油田

埕北油田位于渤海湾西部，是中国第一个海上油田，2000年已探明储量约1800万桶。该油田主要出产重质原油，由中国和日本两国合作开发。1996年，中国海洋石油年产原油突破1000万吨，标志着中国海洋石油工业迈上新台阶。

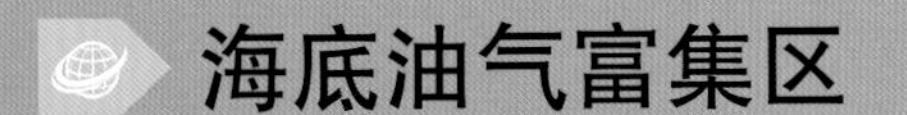

海底油气富集区

世界上海洋油气资源储量主要集中在波斯湾、北海、几内亚湾、马拉开波湖、墨西哥湾、加利福尼亚西海岸等几个地区。这些地区的油气总储量占世界海上探明储量的80%。未探明的油气区主要集中在北极地区，以及南极、非洲、南美洲和澳大利亚周围海域。

波斯湾

波斯湾位于印度洋西北部边缘海域，像一个“大盆”把汇集的油气贮存起来，形成一个石油和天然气的富集通道、大仓库。波斯湾在地质学上属于一片古老台地，处于红海断裂带上，以升降运动为主，褶皱平缓。升降运动形成了4000～12000米的巨厚沉积层，而平缓的褶皱现象形成了一系列巨大的背斜（储油构造）。

走向海洋

浩瀚的海洋资源丰富，是人类尚未完全开发的聚宝盆，被誉为“蓝色的宝库”。深海的魅力吸引着人类探寻的足迹。走向海洋，加大海洋开发利用已为全世界所重视。海洋也成为世界高新技术的重要应用领域。

海洋开发利用

海洋开发活动繁多，根据它的发展进程可分为传统的海洋开发、新兴的海洋开发和未来的海洋开发；按所开发资源的属性，可分海底矿产资源开发、海洋能利用、海洋生物资源开发、海洋化学资源开发和海洋空间利用等；按其开发的区域地理位置，有海岸开发、近海（大陆架）开发和深海开发三大类。

海上丝绸之路

海上丝绸之路伴随着中国古代与外国的贸易和文化交流而产生并兴起，是沟通东西方经济文化交流的重要桥梁和海上大通道，是当时世界上最长的远洋航线，也是已知最为古老的海上航线。中国明朝时郑和下西洋更标志着海上丝绸之路发展到了极盛时期，推动了沿线各国的共同发展。

郑和下西洋

▲邮票

郑和下西洋发生在1405—1433年，出发地是中国太仓刘家港、福州长乐太平港，每次大约200艘商船，随行2万多人，为当时世界上最强大的船队。郑和七次出使西洋，历时28年，遍访了亚洲和非洲30多个国家和地区，最远到达红海与非洲东海岸，不仅开辟了海上航路，促进了经贸、文化交流，而且传播了友谊，对人类文明作出了重要贡献。

马六甲海峡

马六甲海峡是一条狭窄的海域，海运异常繁忙，是联通太平洋与印度洋的重要的国际水道。马六甲海峡有悠久的历史，约在公元4世纪时，阿拉伯商人就开辟了从印度洋穿过马六甲海峡，经过南海到达中国的航线。他们把中国的丝绸、瓷器以及马鲁古群岛的香料，运往罗马等欧洲国家。公元7—15世纪，中国、印度和中东的阿拉伯国家的海上贸易船只都要经过马六甲海峡。

海洋在喘息

污染排放、海洋酸化、海平面上升，使海洋生态环境面临巨大威胁。过度捕捞造成鱼类种群的缩减，石油开采等海上活动对海洋生物也造成了巨大的伤害，充满生机的海洋正在逐步变成“海洋荒漠”。

厄尔尼诺现象

厄尔尼诺是指海洋上的海温异常升高的现象，它经常对沿海地区乃至全球的气候造成很大的影响，带来严重的气候灾害。它主要发生在赤道中的东太平洋，秘鲁、厄瓜多尔以西的太平洋洋面。1997～1998年，出现了有记录以来最强的厄尔尼诺事件。在其后，1998年西北太平洋的台风活动创了历史最高纪录，我国长江、松花江流域发生了大洪水。

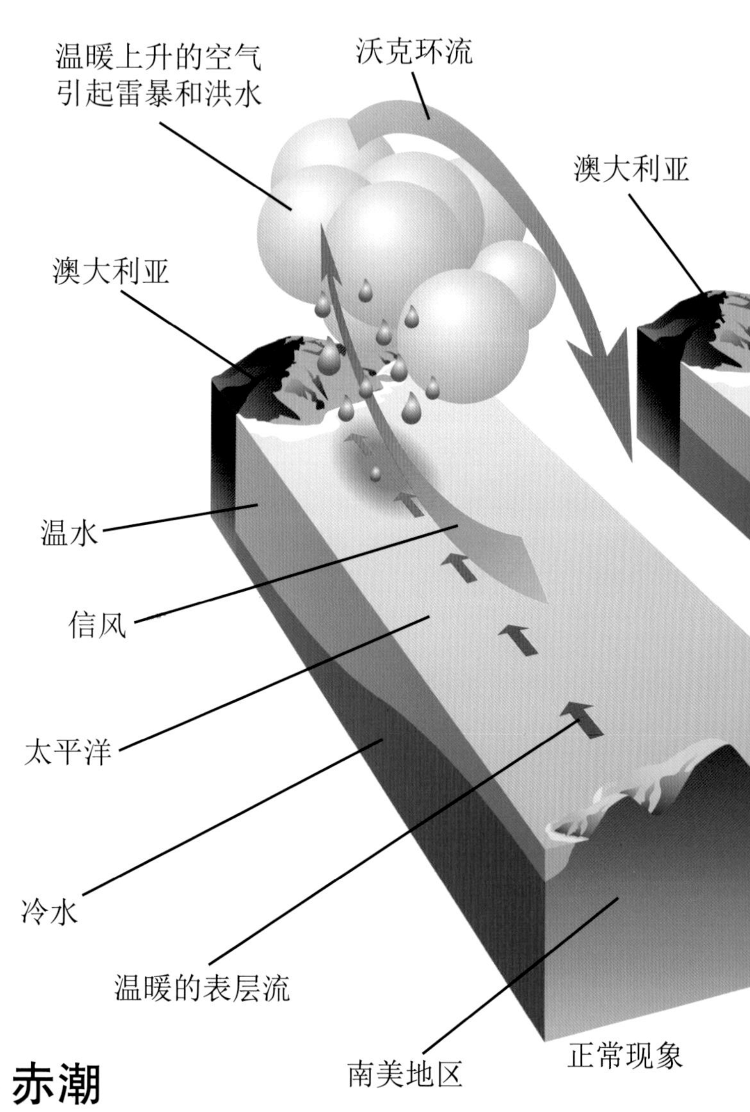

赤潮

赤潮是一种海洋灾害，是海洋生态系统中的异常状况。其表现为海洋中的浮游生物暴发性急剧繁殖，造成海水颜色出现异常变化。科学家们普遍认为，赤潮是近岸海水受到有机物污染所致。当含有大量营养物质的生活污水、工业废水（主要是食品、造纸和印染工业）和农业废水流入海洋后，再加上海区的其他理化因素有利于生物的生长和繁殖，生物便会急剧繁殖起来，形成赤潮。

美国墨西哥湾原油泄漏

2010年4月20日，英国石油公司在美国墨西哥湾租用的钻井平台“深水地平线”发生爆炸，导致大量石油泄漏，酿成一场经济和环境惨剧。这是美国历史上“最严重的一次”漏油事故。

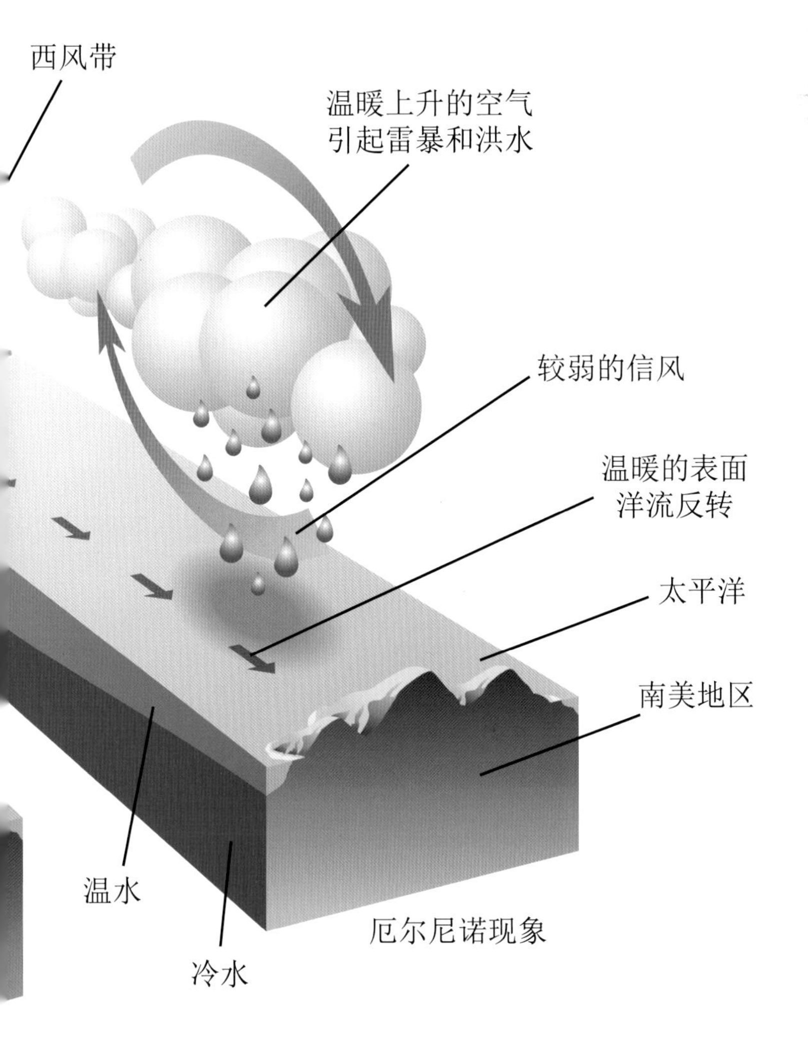

厄尔尼诺现象

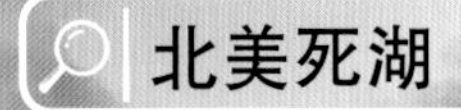

北美死湖

北美死湖事件发生在20世纪70年代的西半球，主要由美国东北部和加拿大东南部空气污染造成。当时西半球工业最发达的地区，每年向大气中排放二氧化硫2500多万吨。其中约有380万吨由美国飘到加拿大，100多万吨由加拿大飘到美国。70年代开始，这些地区出现了大面积酸雨区，酸雨比番茄汁还要酸，多个湖泊池塘漂浮着死鱼，湖滨树木枯萎。

卡迪兹号油轮事件

卡迪兹号油轮事件，发生在20世纪70年代末期，事件的主角是美国22万吨的超级油轮“亚莫克·卡迪兹”号。当年这艘油轮满载伊朗原油向荷兰鹿特丹驶去，航行至法国布列塔尼海岸触礁沉没，漏出原油22.4万吨，污染了350千米长的海岸带。仅牡蛎就死掉9000多吨，海鸟死亡2万多吨。海事本身损失1亿多美元，污染的损失及治理费用却达5亿多美元，而给被污染区域的海洋生态环境造成的损失更是难以估量。

保护海洋

海洋是维系人类生存发展的蓝色宝库、生命之源。海洋生物的多样性，不仅是海洋生态系统的重要维持者，也为人类的生存与发展提供了更为广阔的空间。海洋生态环境的种种变化提醒人类，海洋生物多样性正面临严重威胁，最终威胁的将是人类自身。

生物总动员

“人类的爱、希望和恐惧与动物没有什么两样，它们就像阳光，出于同源，落于同地。”（约翰·摩尔）生命的本源告诉我们，珍惜地球上万物生灵的共同家园，爱护动物、保护植物，犹如爱我们自己。

生命的起源

著名的哲学三问：“我是谁？我从哪里来？要到哪里去？”自从达尔文的进化论创立以来，科学家们一直面临着一个终极谜题——第一个生命是怎么诞生的？在这卷壮丽的生命演化诗篇中，进化论能解释所有生命产生后发生的事情，唯独无法解释这一切是怎么开始的。

生命三要素

阳光、空气和水也叫作生命三要素，所有生命体都依赖这三要素而生。其中水又是万物之源，没有水，地球就是一个干枯而荒凉的星球；因为有了水才有了空气，有了大气层和氧气，水使万物生机勃勃，让地球成为已知仅有的生命载体。

蓝藻

地球上最早的生命体诞生在海洋里，是原核单细胞构成的生物，也就是原核生物。蓝藻也叫作蓝细菌、蓝绿藻，是单细胞生物，是地球上最早的生命起源。

海底黑烟囱

陆地热泉说和深海黑烟囱说，是目前科学界关于生命起源的两大假说，这两种观点都有一批拥护者。美国有一艘传奇潜艇叫作阿尔文号。它于1977年来到了著名的加拉帕戈斯群岛附近的海域，潜入将近2500米深的海底。在这片完全漆黑、压力巨大的海底，科学家们发现数十个丘状体不停地喷着黑色和白色烟雾，含硫化物的炽热液体从直径约15厘米的烟囱中喷出，温度高达350摄氏度，科学家们形象地把这些喷着烟雾的丘状体统称为海底“黑烟囱”。令人震惊的是，这样一个似乎是生命禁区的地方却发现了生命。

陆地热泉说

一些学者认为，陆地上的水池才是更好的生命摇篮。古老地球的火山附近有着大量的热泉和间歇泉形成的水池，这类水池干湿交替、不断循环，它的热量可以催化各种化学反应，产生细胞膜的原型。这是一个完全不同于生命海洋起源说的理论。

生命的进化

在阳光、氧气、水的作用下，海洋产生了单细胞生命，后来有了各种鱼类。地球不断地公转和自转，在内应力的作用下，陆地和岛屿形成。有些海洋生物被迫上岸，形成哺乳动物和两栖动物。

节肢动物

米勒实验

生命最初不会是单纯的某种物质，而必然是多种物质的复合物。生物学中，有个著名的米勒实验，米勒用原始大气的成分，通过放电产生了生命必需的20种氨基酸，从而从根本上解释了生命诞生的最可能的过程。

环节动

软体动物

有机物

生命的产生离不开有机物，生命体内都包含有机物。而且生物的遗传现象和新陈代谢规律，也都关联有机化合物的转变。此外，许多与人类生活密切相关的物质，如石油、天然气、棉花、染料、化纤、塑料、有机玻璃、天然和合成药物等，均与有机化合物有着密切联系。

线虫

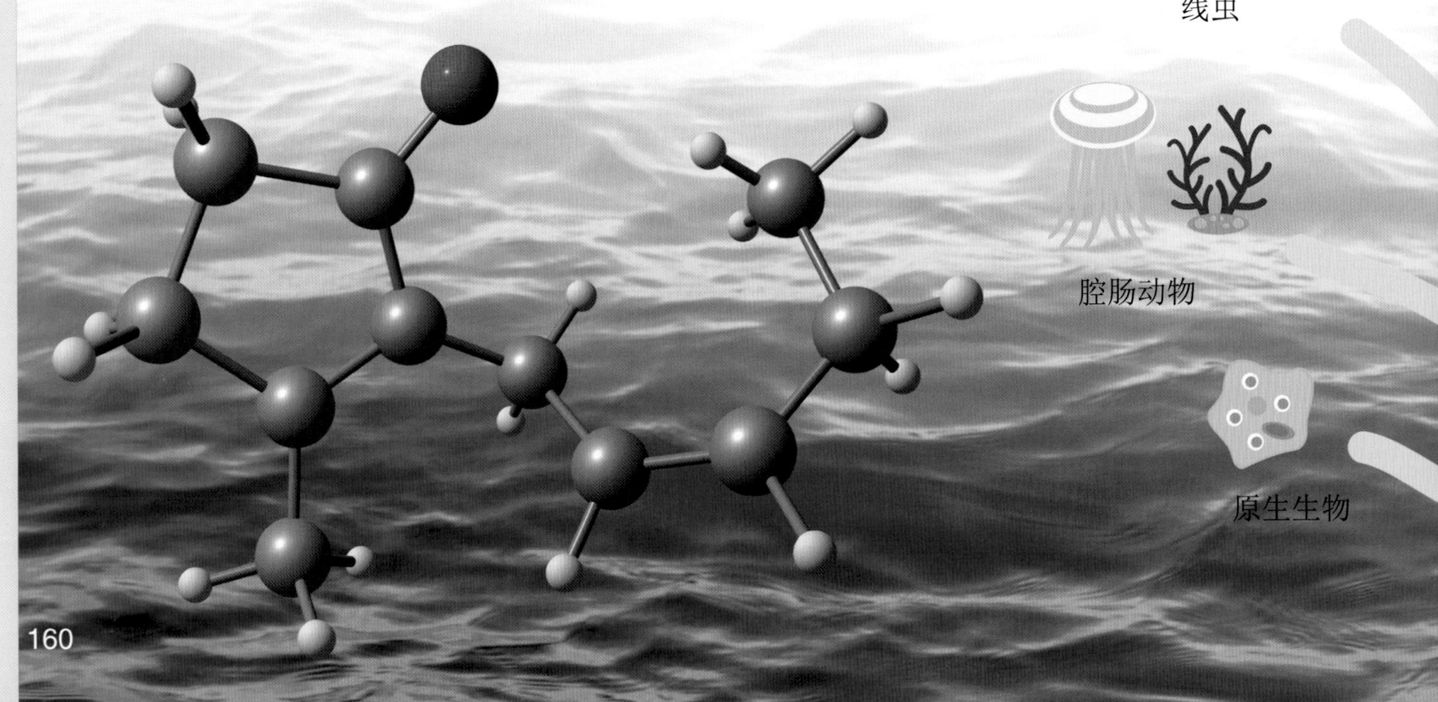

腔肠动物

原生生物

两栖动物

棘皮动物

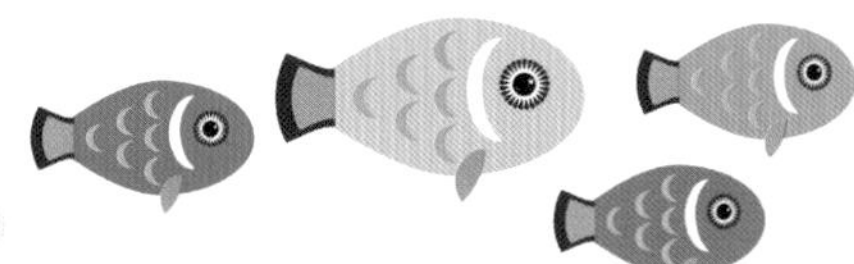

多骨（刺）鱼

软骨鱼类

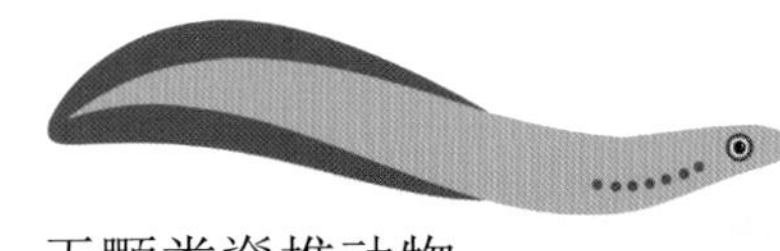

无颚类脊椎动物

扁形动物

海绵动物

原生生物

蛋白质

蛋白质的出现是生命进化史上的里程碑，伴随着蛋白质的形成，地球上最简单的生命也诞生了。然后这些最原始的生命形态就开始了漫长的进化历程。蛋白质的生成过程是这样的：有机分子进一步合成，变成生物单体（如氨基酸、糖等）。这些生物单体进一步发生聚合作用，变成生物聚合物，如蛋白质、多糖、核酸等。

达尔文进化论

达尔文的进化论是对物种起源和发展的一种科学论证。“宇宙中最原始的存在，并不是具有精神的事物、灵或神，而是具有生能的物质。生能以进化方式演进成生元，即细胞，这细胞便是万物中一切生命的开始。”（达尔文）1859年，达尔文的《物种起源》出版，震动了整个学术界和宗教界，强烈地冲击了《圣经》的创世论。

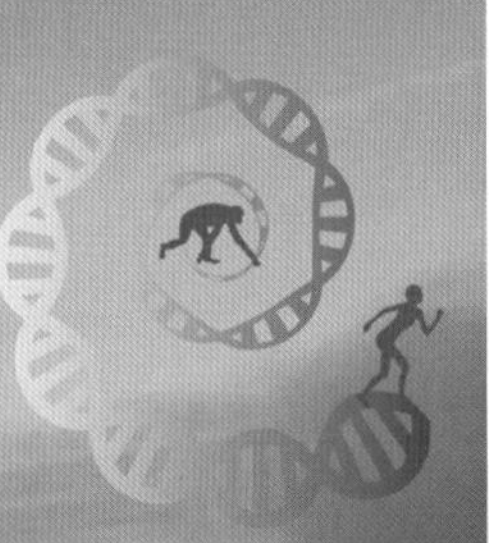

动物住在哪里

不同的动物有不同的栖息地，鸟在天空飞，燕子会筑巢，白鹳生活在水边。水中动物会游泳，生活在水深不同的地方，有着不同的呼吸方式。陆地上的动物，很多会产崽，大多居住在洞穴中。就连沙漠中也生活着动物。动物的栖息地各不相同，生活方式也不尽相同。

各种动物的住处名称

鸟的住处称巢，狗的住处称窝，羊的住处称圈，兔的住处称窟，马的住处称厩，虎的住处称穴，蛇的住处称洞，鸡的住处称笼，牛的住处称棚。

海豹岛

海豹岛是南非豪特湾的一座岩石小岛，近6万只软毛海豹生活栖息在这个温暖的小岛上。岛上还有成群的海鸥和各类海鸟与可爱的海豹在岛上嬉戏，演绎着一幅温馨的生态画面。

猫岛

禁止狗进入的小岛，这项规定也够特别的。这条禁令来自日本的田代岛，这里堪称猫的天堂。尽管人类也居住在这座岛屿上，但是猫的数量堪称无敌，而且这里是禁止狗上岛的。

蛇岛

巴西一个盛产蛇类的岛屿称为蛇岛。黄金头带类蛇是这里的霸主。这个岛屿是受到法律限制保护的，岛上平均每平方米就有1～5条蛇。除了勇敢的生物学家，严禁外来者登岛。

圣诞岛的螃蟹

设想一下，如果有5000万只红蟹生活在一个小岛上，那是何等壮观的景象。这个奇观就出现在澳大利亚的圣诞岛上。如果你想要看到这些岛上的螃蟹，可以等到10月或者11月的雨季，去看它们的大迁徙，它们的迁徙能够持续近一个月。

野猪滩

野猪滩——一座被猪占据的无人岛，位于巴哈马群岛。最初的野猪是如何来到这座小岛的，这引起了当地人的兴趣。有人称，这些野猪原本是水手们留下来准备当作晚餐的，但最终他们并没有返回。也有人称，这些野猪是从其他岛屿游过来的。

皇家企鹅岛

皇家企鹅岛位于太平洋西南部的澳大利亚麦夸里岛。成群的企鹅在这个小岛上过着无忧无虑的生活，也许是它们很少见到外人的缘故，当你来到岛上时，会有大群皇家企鹅欢迎你的到来。除了可爱的企鹅，这里也是太平洋中唯一地幔岩石露出海平面的地方，而且得到了联合国教科文组织的认证。

动物的身体

不少动物身体的某个器官具备特殊的功能，这些特殊的功能都是它们为了适应生存环境逐渐进化而来的。观察这些动物身上的特殊器官，真的是让我们大开眼界。

耳朵预测风暴

金翅莺的耳朵可以探测到低频声波，由此能够预测风暴。那么这个秘密是如何被发现的呢？发现这个秘密源于五只携带跟踪器的金翅莺突然抛弃它们原有的栖息地，绕道650千米远飞到墨西哥。这让科学家们感到非常奇怪，他们不明白为什么金翅莺才刚开始迁徙没几天就换路线。次日，风暴横扫了这片区域。

翅膀风力传感器

外表怪异的蝙蝠是很神秘的一种动物，人类从它们身上得到启示，研究出了很好的飞行器。作为唯一一个拥有“自主充电飞行器”的聪明的哺乳动物，和其他的鸟类以及飞行类的昆虫相比，这些行动迅速的“冒失鬼”们给人类带来了不同寻常的科技灵感。

脸上的雷达天线

在动物界，猫头鹰的脸具有区别于其他动物的显著特征。它的脸扁平而呈椭圆形，给人留下了深刻的印象。而且猫头鹰可以把脸当作生物卫星天线来使用，这自然有它们的道理。它们这个标志性的扁平脸能够把声波都收集并传送到耳朵里，使得连最轻微的“沙沙”声也能被觉察。

吻锯探测电场

因为拥有庞大的锯齿状鱼吻，锯鳐成为生活在水中的恐怖“猎食者”。它的多功能吻锯可以将小一些的鱼砍伤后食之，还可以检测出活体生物所产生的电场。

下颚“金蝉脱壳”

大齿猛蚁下颚的咬合力极强，其上下颚闭合速度可达40米/秒。这样的咬合速度及力度，瞬间就能将敌人劈成两段。神奇的是，它们的巨型下颚还是个“进可攻，退可守”的利器。人们注意到，大齿猛蚁有时会利用它那咬合力极强的下颚，把自己弹向高空。

耳朵和眼睛来交流

我们生活中常见的马其实是一种很有灵性的动物，它们很善于表达自己的感受。它们不仅通过擤鼻涕的声音、模仿驴子的声音和嘶叫来沟通，还通过眼睛和耳朵来交流，尤其是它们的耳朵非常柔软灵活。马的耳朵的用途就如同汽车转向灯。

动物的神奇行为

动物的神奇行为太多了，我们所指的神奇是主观意识上认为动物和人类不同的地方。

不能闭眼睛的行为

人类的眼睛可以闭上，因为有眼睑，但有些动物的眼睛时刻处于睁开状态。比如常见的蛇、鱼等动物。它们没有眼睑，所以它们的眼睛也就闭不上。

反刍

牛是典型的反刍类动物，有着神奇的反刍行为。反刍动物采食一般都囫囵吞枣，特别是粗饲料，大部分未经充分咀嚼就吞咽进入瘤胃，经过瘤胃浸泡和软化一段时间后，食物经逆呕重新回到口腔，经过再咀嚼，再次混入唾液并再吞咽进入瘤胃。反刍类动物有很多，比如牛、羊、骆驼等。

站着睡觉

在动物界，具备站立睡觉这种神奇功能的动物不在少数。比如马、驴、长颈鹿、大象等，都是站立睡觉的，部分鸟类也是站立睡觉的，如火烈鸟、猫头鹰、丹顶鹤等。长颈鹿、马站立睡觉是因为在草原中随时会有猛兽袭击，站立睡觉方便逃跑。大象站立睡觉是因为体重太大，如果不站立睡觉的话，心脏等器官会受到压迫。

神奇的生存本领

断肢、变色、伪装、陷阱和寄生样样精通，野生动物为活下去，修炼了诸多神奇的生存绝技。

伪装者——变色龙

从名字上判断，你就知道变色龙是一种很善于伪装的狡猾小动物。变色龙的颜色会随着环境变化，这种色彩的变化既有利于隐藏自己，又有利于捕捉猎物。变色龙改变体色也是心情状态的反映和传递信息的方式。

断尾逃生——壁虎

壁虎的尾巴能够自我再生，这个奇异的功能并非后天养成，而是与生俱来的。壁虎在尾巴受到攻击时可以剧烈地摆动身体，通过尾部肌肉强有力地收缩，造成尾椎骨在关节面处发生断裂，以此来逃避敌害。

鸟类"寄居者"

最著名的巢穴寄居者当属布谷鸟和燕八哥。雌性燕八哥找到别的鸟巢并产下一枚鸟蛋，放在产下小得多的鸟蛋的另一种鸟类的巢穴里，比如鸣鸟。在产卵之后，雌性燕八哥飞离巢穴，体形娇小的鸣鸟母亲似乎注意不到在自己的鸟蛋中有一颗大得出奇。

蜘蛛的陷阱

蜘蛛网中，每根丝上面都布满了点点的黏液。当昆虫碰到丝线时，“胶水”会把它粘住。昆虫试图挣扎逃脱但只会将自己缠入更多的黏丝中。织出黏网的蜘蛛不会受自己“胶水”的影响，它们可以在网上迅速地穿梭来检查食物。

巧妙抗敌的技巧

动物世界遵循着弱肉强食的丛林法则，动物们要想获得足够的能量，必须到处搜寻猎物，捕获猎物，不然就会被饿死。对于被掠者来说，每天都要尽快地发现掠食者，或者最快速地逃避。看看地球上的动物们常用的生存招数，可谓斗智斗勇的“武功秘籍”。

“独门武器”

一些动物身上生有独特的器官，这些器官在适应生存环境的过程中不断演化出进攻和防御的功能，成为自家的“独门武器”。豪猪有足以致命的钢毛，已经让众多被它刺伤而失明的豹子或者老虎尝到了苦头。穿山甲和龟则长有坚硬的甲或壳，能躲避一般性伤害。一些鼬自备化学武器，能够从肛腺喷出有毒化学气体，使掠食者暂时失明并知难而退。

“迷彩服”

一些动物的外形和体色经常被它们加以巧妙利用，在隐蔽和逃生时发挥特效。斑马和马来貘的皮毛，在特定的栖息地让人难以分辨，掠食者要发现它们并非易事。此外，有些昆虫看起来就像另一些有毒或者有刺的昆虫物种，这使得被迷惑的潜在掠食者不敢招惹它们。

团结的力量

动物们之间也是有交流的，有时候它们相互协助体现出的默契，常常让人意想不到。比如大象、非洲水牛和黑猩猩等物种，它们联合起来反击和驱赶掠食者，这是它们常见的防御行为。在鸟类中，这种“联合行动”也经常被用于阻止猛禽。

善用地形

有些动物善用地形来保护自身，利用栖息地巧妙地隐藏起来，使猎食者迷失方向，这些动物可谓聪明至极。羚羊会选择让狮子无处藏身的短草区域，石山羊会选择陡峭的山崖以避开狼群。在印度的一些保护区，白斑鹿聚集在旅游者营地周围，也许同样是想躲避掠食者的捕杀。

装死

为了躲避追捕，被掠食者一般会隐藏或逃逸，中途“完全静止不动”，这些行为常常见于幼年白斑鹿、成年麂子和一些在地面筑巢的鸟类。方式有多种，包括故意装死，在面对那些只攻击活动中的猎物的掠食者，以及不吃腐肉的动物时，这一招非常奏效。

擅长取食的妙法

动物世界，弱肉强食，在大自然这个广阔的舞台上，各种各样的动物以其杰出的才干，演出了一幕幕有趣、紧张、有时可怕的大戏。

窒息捕食

南美巨蛙的身上有一层保护色，当它们趴卧在草丛中时，很难被发现。它们的捕食技能也堪称一流，它们总是耐心地隐蔽在草丛中，当猎物靠近时，它们会猛地跃起，张开大口咬住猎物的头部。随即一阵吞咽，猎物的头部滑入它们的口腔后部，它们的四肢像老虎钳牢牢箍住猎物，不久猎物就会窒息而死。

借“针”捕食

燕雀经常以危害植物的幼虫为食，它们的喙像一把锋利的凿子，能轻松地啄开树皮，挖出“地道口”，啄出幼虫。有时燕雀找不到合适的“针”，就自做一枚：用喙先啄断枝条，然后咬住断枝来回旋转，最后剥下树皮，一根替代“针”就制成了。

伪装策略

外形丑陋的鳄鱼是一种很凶残的食肉动物，一直以来，我们常用“鳄鱼的眼泪”来形容虚伪的同情。如果你留心观察，会发现鳄鱼也有非常狡猾的一面。它可以几个小时不动地趴在池塘的浅水区，口鼻部插着小树枝，等着上当的小鸟飞来停栖。鳄鱼的动作看起来笨拙，其实它们感知震动和压力的能力比人类的指尖还灵敏。科学家相信鳄鱼的牙齿部位附近有感测器，可以帮助辨别其抓获猎物的种类。

气泡网捕鱼法

座头鲸捕食猎物非常讲究策略，需要其他同伴来配合，它们经常三五成群集体围猎，把大量鲱鱼等美食赶到一起并圈在中心。然后它们此起彼伏地发出声音，使鱼群慌作一团，继而吐出气泡，使鱼群不敢穿越包围圈，然后再将其吞食。这种集体合作的捕食方式能够获取更丰盛的食物。

求偶有方的动物

为了繁育后代，所有的雄性动物都希望得到雌性的青睐，因此，它们会做出各种有趣的动作来吸引对方。一起来看看吧，动物们的求偶妙招，简直让人大开眼界！

“红鼻子”的暗示

为了讨雌性狒狒的欢心，雄性狒狒会展示自己身上的颜色和牙齿。雌性狒狒会选择鼻子通红的雄性狒狒做伴侣，因为红鼻子代表健康。

沙堡爱巢

为了吸引更多的雌鱼，马拉维湖里的雄鱼会建造沙堡。这种小鱼建造一座一米宽的大沙堡一般需要两个星期的时间。

洪亮的歌声

蟾蜍为了吸引异性的注意，会鼓起脖子上的气囊，发出洪亮的声音。雌性蟾蜍很远就能听到这种叫声，并且能根据叫声来分辨雄性蟾蜍。

蓝色的隧道

雄性园丁鸟会用花朵、蝴蝶翅膀、糖纸来装饰隧道，当然，这些装饰品大都是蓝色的，因为雌性园丁鸟更喜欢蓝色的装饰品。

长脖子的魅力

秃鹫的脖子伸得越长，表示它吃肉的本领越强。这也是吸引雌性秃鹫的关键。

激情的舞者

雄性极乐鸟把自己倒挂在一根树枝上，一边不停地抖动漂亮的羽毛，一边发出响亮的叫声来吸引雌性极乐鸟。

红色的气囊

雄性军舰鸟鼓起红色的气囊，同时，还会站在高处，在6～30只雌性军舰鸟中张开双翅和尾巴，以此吸引优秀的异性。因为每只雄性军舰鸟都希望自己未来的伴侣能比自己飞得更高。

孔雀开屏

雄性孔雀会把尾巴展开，不停地抖动尾巴上漂亮的羽毛，向雌性孔雀证明它是最漂亮、最强壮和最富有经验的。

动物的育儿经

动物的生存环境向来比人类恶劣，那么小动物出生后是如何学习生存技能的呢？在动物世界里，动物妈妈们育儿的方式多种多样，并且不同的动物会选择不同的教育方式。

实战中成长

小猫爱玩橡皮球和绒绒团，但这不是它们的主业，这只是它们捕鼠的初步练习。这类游戏可以使小猫爪牙动作熟练起来，行动变得更加灵活。再大一点儿的猫还会玩一些张牙舞爪、相互攻击的游戏，然后慢慢投入实战，增强自己的捕鼠技能。

游戏中学习

在波涛汹涌的海面上，一个幼鲸围绕在母鲸的身边，像演杂技似的上下翻腾。它一会儿掠过母鲸的尾部，一会儿又倒立于水中，或用自己的尾部拍击水面。这些游戏使幼鲸能在辽阔的大海中锻炼游技，快速成长。

借巢孵卵

杜鹃也叫布谷鸟，是一种益鸟，但不会筑巢。要产卵的时候，雌杜鹃会趁着云雀等鸟类的不注意，把卵产到它们的鸟巢里，让它们帮助孵卵。

特殊的“教鞭”

对身躯庞大的大象来说，它们粗壮而灵巧的长鼻子可是个宝物，未成年的小象经常会模仿母象，用长鼻子去推木料。小象稍长大些后，会用粗大的鼻子卷起木料拖动，甚至把木头举着走。有时，小象会贪玩儿，不专心“工作”。对此，象妈妈决不姑息，它会把长鼻当成“教鞭”，揍小象几下子。接受教训的小象马上专心致志地跟着象妈妈，卖力干活。

言传身教

母狮对幼崽的教育可谓用心良苦，它们经常会安排一场生动的实战课，言传身教使幼崽们尽快掌握捕食的要领。母狮发现了羚羊等猎物后，会自己打头阵，突然跳出来，用前爪把羚羊的后腿踢开，使对方倒在地上；紧接着母狮便牢牢地咬住羚羊的咽喉，并让孩子们一拥而上。这样一来，小狮子逐渐就学会了猎取食物。

蛰伏贪睡的动物

对人类来说，每天睡10个小时已经很长了，但是有些动物的日平均睡眠时间高达15个小时。嗯，真想知道这些动物睡着的时候会做什么梦。

猫

如果你家有一位猫伙伴的话，它的睡眠时间之长就不会让你惊讶了。猫平均一天睡11～12个小时，有时甚至更长。猫在黄昏和黎明之时最有活力，这也是你出门工作的时候它们都在睡觉的原因。所以当你睡得正香的时候，猫可能正在家里四处走动或者捣蛋，幸运的话，你的猫也可能在家里除害。

松鼠

当松鼠不再跑来跑去、收集坚果或者在树上爬上爬下的时候，它们多半是在睡觉。松鼠平均一天睡13～14个小时。松鼠不是夜间活动的动物，一般白天活动，晚上睡觉。所以你在公园散步时可以经常看到它们。

老虎

不论是大是小，猫科动物总是很贪睡。实际上老虎和家养小猫在睡眠习惯上有很多相似之处。你可能发现自己看到的图片中的老虎大多在打盹儿，而不是在活动。老虎平均一天睡16个小时。它们中意的睡眠场所是浅滩，因为那里凉爽并且能驱赶蚊虫。

棕蝙蝠

棕蝙蝠在北美洲很常见，是人们研究蝙蝠的典型代表。春天的白天它们很活跃，四处可听到它们尖锐的叫声。据说它们平均每天睡眠时间为19个小时，晚上捕捉昆虫。冬天，棕蝙蝠要么迁徙到另外一个地方，要么就用冬眠来抵抗严寒。

巨蟒

人类通常对巨蟒这类大型蛇类感到恐惧，但是其实这些爬行动物大多数时间都很少活动。当它们准备蜕皮时，会花上好几天甚至好几个星期养精蓄锐。短时间的暴发后，巨蟒会睡上18个小时。下次你见到一条巨蟒感到非常害怕的时候，就想想它们其实都懒得动弹。

狮子

相比其他动物，狮子独树一帜的是它们会在行进中睡觉，或者成群结队睡觉。狮子是非洲生态系统中的顶级掠食者，狮群也是猫科动物族群中的大家族。狮子平均一天的睡眠时间为16个小时。

哈哈！
又睡着啦！

考拉

恭喜考拉获得“世界上最贪睡的动物”这个头衔。考拉原属澳大利亚，它们不是真正的熊类，每天最多可睡上22个小时。它们会在桉树高高的树枝上睡觉，远离危险。考拉的新陈代谢很慢，需要很长的时间来消化食用的桉树叶。人们常常误解是它们食用的桉树叶让它们昏睡，但事实并非如此。

互助互惠的好朋友

动物其实和人类一样，有着相通的情感。同时，它们之间存在着各种微妙而有趣的关系。它们有的互为敌手，不共戴天；有的则和睦相处，相安无事，甚至共栖生活，生死与共，不离不弃。

犀牛与犄食鸟

你能想象到把一头体壮力大、勇猛无比的犀牛和一只叫作犄食鸟的小鸟联系在一起，它们之间会有怎样的故事发生呢？在印度恒河流域生活的一种犀牛，眼小且近视，生活很不便，恰好有一种当地的犄食鸟，专门“伺候”犀牛，停在它的身上，啄食犀牛皮肤内藏着的寄生虫，这样既填饱了自己的肚子，又给犀牛做了清洁。

野山羊与火鸡

野山羊与火鸡是一对患难与共的“好友”，它们经常结伴而行，彼此受益。在广阔的非洲草原上，一只野山羊在离火鸡不远的地方休息，机灵的火鸡充当着野山羊的警卫员角色。而在草原上绝粮之际，野山羊会用蹄子四处寻食，火鸡乘机共餐。

蚜虫和蚂蚁

蚜虫和蚂蚁共同生活在茂密的枝叶间，它们之间的“友谊”也体现得淋漓尽致。蚜虫会分泌“蜜露”，这是一种富含碳水化合物的营养液体，蚂蚁以它为食，所以蚂蚁会将蚜虫都赶到一起，以保护它们免受潜在的捕食者的伤害。蚂蚁保护了蚜虫，而蚜虫为蚂蚁提供了营养丰富的“蜜露”。

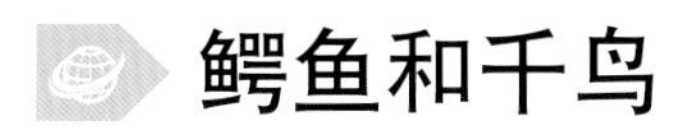

鳄鱼和千鸟

鳄鱼和千鸟互惠互利的故事既有趣又温馨。在凶猛的鳄鱼面前，千鸟可是受到百般宠爱。它们不但能在鳄鱼身上悠闲地寻找小虫吃，还能进入鳄鱼的口腔中啄食鱼、蚌、蛙等肉屑和寄生在鳄鱼口腔内的水蛭。有时鳄鱼突然把大口闭合，千鸟就被关在里面；此时，千鸟只要轻轻用喙击打鳄鱼的上下颚，鳄鱼就会张开大嘴，千鸟随即飞出。

毛毛虫和黄蜂

寄生物种之间的关系既有和平共处的彼此协助，也有刀光剑影的相互残杀，比如黄蜂和毛毛虫。黄蜂会把卵放在毛毛虫的体内，当它们孵化时，黄蜂幼虫不会直接杀死毛毛虫，而是会以毛毛虫的体液为食。不久后，长得足够大的黄蜂幼虫会在毛毛虫的体内打出一个洞离开它的身体。一旦来到外面，它们就会形成一个茧来进行蜕变。

动物界的建筑师

对我们人类而言，一些经典的建筑杰作可谓巧夺天工。然而，自然界的动物之中也不乏建筑大师，它们的“杰作”同样蔚为壮观。

黄胸织布鸟

乍一听名字，你一定认为黄胸织布鸟是个出色的纺织高手，其实在飞翔的鸟类中，它们的拿手绝技主要体现在巢穴的建造上，它们以优雅的反式悬挂巢穴而闻名，这种巢穴是由树枝和树叶建造而成的。在遥远的加勒比沿海低地，褐拟椋鸟，在草地和小葡萄藤上建造了类似的巢穴，悬挂在栖息地的树上。它们在森林树冠边缘或种植园的高大树上筑巢，不像黄胸织布鸟的巢是筑在多刺的树上。

黄蜂

黄蜂一般不单独行动，在遇到干扰时常常用锋利的螯针发起群体攻击，几乎每年都有人被黄蜂蜇伤甚至致死的报道。它们的蜂巢多修筑在地底、石洞中或大树上，用蜂蜡或干草等材料建造结构复杂的巢穴。这种巢穴非常结实，能够经得住风吹雨淋。

巨型蜘蛛网

曾有报道称，在美国得克萨斯州北部公园枝叶繁茂的树丛间，数千只蜘蛛协同努力，编织出了昆虫界最大的巨型蜘蛛网，非常壮观。这是一个不同寻常的举动，更令人难以置信的是，这个巨型蜘蛛网并不是它们的第一个作品，由于风吹雨淋，之前编织的蜘蛛网已被损坏，它们先后进行了三次修补。

燕子

小燕子的巢穴可以用精致耐用来形容，它们一般选择阴凉的屋檐背脊作为栖息地。筑巢时它们到小溪边叼潮湿的泥土，在嘴里咀嚼后粘在房檐上，再选用茅草搭建，然后重复叼泥土继续往上粘，直至建成。

唾液筑就“燕窝”

燕窝是雨燕和金丝燕的唾液与其他物质混合所筑成的巢穴。金丝燕和雨燕一般选择在春季筑巢，按筑巢的地方不同，可分为“屋燕”及“洞燕”两种。它们的巢穴多建在靠近海岸的一些岛屿的悬崖绝壁上，周围是翻滚的波涛，上面是蓝天白云。

超强的地下挖掘机

与数千只蜘蛛合作建造一个巨型蜘蛛网相比，数十亿只蚂蚁共同打造一个地下巢穴堪称奇迹。这是迄今为止在欧洲发现的最大的蚂蚁地下巢穴，其内部通道总长度竟曲折延伸达6400千米。人们都知道蚂蚁是不同寻常的建筑工，它们可以携载数倍于自己体重的物体，然而人们却很少能看到如此壮观的蚂蚁的“地下宫殿”。

白蚁

如果仅从字面理解，人们经常会把白蚁和蚂蚁混为一谈，其实白蚁和蚂蚁是两种截然不同的昆虫。白蚁的生存年代较蚂蚁要久远得多，最早可以追溯到2亿年前。它是一种多形态、群居性而又有严格分工的昆虫，群体组织一旦遭到破坏，就很难继续生存。全世界已知的2000多种白蚁，主要分布于热带和亚热带地区。世界很多地方的大平原上都矗立着很多的孤零零的土丘，那就是白蚁的建筑。这些建筑很像城堡，有圆锥形、圆柱形、金字塔形，蚁塔中布满了无数的隧道，弯弯曲曲，长达几百米，并建有不同的“住房”供不同的成员使用。

人类的好帮手

导盲犬可以引导盲人无障碍前行，信鸽可以从遥远的地方传递回信息，沙漠驼队载着考察队员穿行在茫茫大漠。在现代社会，人类通过提升训练技巧，能够使越来越多的动物帮助人类实现目标。

海牛

海牛可以吃掉生长在运河中的水草，预防运河阻塞。对于海牛来说，每天的工作不知不觉中就完成了。

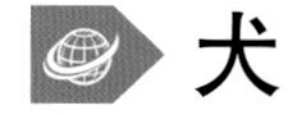

犬

狗和人类最亲近，现在工作犬的种类越来越多。除了长久以来都存在的牧羊犬、雪橇犬，人们还训练出了军犬、警犬、导盲犬、缉毒犬、搜爆犬、失踪救护犬等。

雪鼬

长相很萌的雪鼬是猎人的好帮手，猎人在打猎的时候雪鼬可以凭借其娇小的身体驱赶躲在洞穴中的兔子和老鼠等，以帮助猎人捕获猎物。

海豚

海豚是美国海军的秘密武器，高智商的海豚可以协助军人找出水中作战的区域。

信鸽

鸽子只要经过训练就能十分准确地帮助人们传递信息，飞鸽传书不只是会在武侠片里哦！

大象

大象自古以来就是人类的好帮手，如今在东南亚的一些国家，它们依然被当作“最佳搬运工”。

认识植物

植物最显著的特征是能固着生活在土壤和水中且能人工栽培。地球上最早出现的植物是菌类和藻类，其后藻类一度非常繁盛。直到四亿三千八百万年前（志留纪），绿藻摆脱了水域环境的束缚，首次登上陆地。

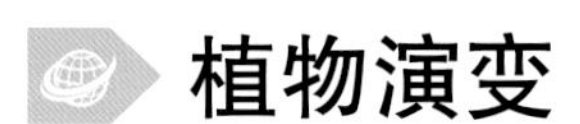

植物演变

在地球的生物进化史上，植物先于人类出现。最早的绿藻植物登上大陆后，进化为蕨类植物，为大地首次添上绿装。三亿六千万年前（石炭纪），蕨类植物衰落，代之而起的是石松类、楔叶类、真蕨类和种子蕨类，它们形成沼泽森林。随后，有花的植物出现，鲜花装点着美丽的星球。

植物的特征

植物能进行光合作用，具有叶绿素，能产生食物（有机物质）和氧气。植物具有细胞壁和细胞核，细胞壁由葡萄糖聚合物——纤维素构成。

陆地上最长的植物

南美洲的亚马孙热带雨林是一座动植物博物馆，这里生长着一种叫作白藤的植物。它以大树作为支柱，长茎向下坠，沿着树干盘旋缠绕，形成许多怪圈，人们给它取了个绰号叫作“鬼索”。当茎稍向下坠到比树顶低时，又会向上爬，爬爬坠坠、坠坠爬爬，使它成为世界上最长的植物。

光合作用

大地上的绿色植物借助太阳的光能，吸收二氧化碳和水，产生有机物质并释放出氧气，调节大气氧碳平衡，这个过程称为光合作用。光合作用所形成的富能有机物主要是碳水化合物。

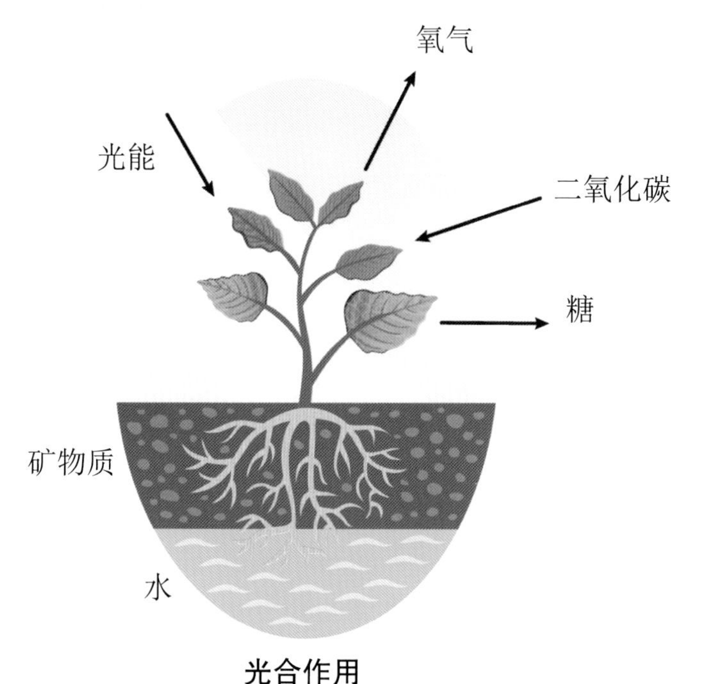

光合作用

食物和氧气的提供者

人类的生存和繁衍离不开植物，没有了植物的地球，将是一个毫无生机、无比荒凉的世界。绿色植物的光合作用是地球上最为普遍、规模最大的反应过程，在有机物合成、蓄积太阳能量和净化空气、保持大气中氧气含量和碳循环的稳定等方面发挥着无法替代的作用，是农业生产的基础。据计算，整个世界的绿色植物每天可以产生约4亿吨的蛋白质、碳水化合物和脂肪，还能向空气中释放出近5亿吨的氧。

植物“大观园”

地球上的植物种类繁多，它们的体形大小、形态结构、寿命长短、生长方式和生长场所各不相同，共同组成了形形色色的植物界。它们维持着我们生存的条件，装点着我们的家园。

地球的“外衣”：苔藓

苔藓是一种很顽强的植物，绿绿地装饰着地表。苔藓植物作为生态系统的“指示灯”，虽然身形娇小，不被人们在意，但有时候它们真的很美，特别是下过雨后它们遍地丛生的样子。每当人们看到一片绿油油的苔藓时，内心就平静下来了。

地钱

地钱广泛分布于世界各地，这个看起来十分不起眼的小小物种，虽然它没有真正的根，但生命力极其顽强。它的假根不但具有吸收水分和无机盐的功能，也可起到固定作用。

朴素而茁壮——蕨类

蕨类植物朴素而茁壮，它不仅能在山地野外的贫瘠环境下常年生长，在阴暗的角落里也可以展现勃勃生机。蕨类植物的地下茎年年能随处长出叶子来，嫩叶上部卷曲着，外面覆有白色的茸毛，古时叫“拳菜”或“蕨拳”。

裸子植物时代

裸子植物起源于古生代，最繁盛时期是在中生代的三叠纪和侏罗纪，多数为高大乔木，在1亿年前，由被子植物所代替。它们是最早用种子进行有性繁殖的植物。

被子植物

被子植物也叫作有花植物，是世界上最大、多样性最高的植物类群。现知被子植物共1万多属，占植物界的一半。人类的大部分食物和营养均来源于被子植物，它们在人类陆地生态系统中占据着至关重要的地位。

植物的生命六要素

植物和其他生物一样，也是有生命的，并有着诸多的生命现象。植物能吸收营养生长发育，能新陈代谢、生殖繁衍和基因遗传与变异。植物的生命六要素，即阳光、温度、空气、养分、水、土壤。

阳光

阳光是地球上万物生灵的生长剂，没有阳光，植物的光合作用就无法进行。即使喜阴的植物也是相对的，没有光照，植物是不能存活的。

温度

不同的植物对温度有不同的要求，针对不同的植物，我们要提供不同的温度环境以适应它的生长。

空气

空气是地球上的大气，流通的空气能够交换二氧化碳和氧气，充足的氧气能保证植物光合作用和呼吸的进行，植物才能更好地吸收营养。

养分

植物需要各种营养元素，其中氮、磷、钾三种是最重要的植物营养添加剂。

水

水是生命之源，是植物的重要组成部分，同时植物吸收营养也需要通过水来完成。

土壤

不同植物生长需要的土壤的酸碱性是不同的，同样，不同的疏松程度也适合不同的植物。如果土壤被污染，发生病虫害，培养植物就变得更加复杂。当今，随着无土栽培技术的发展，土壤的作用有被弱化的趋势。

人类的五谷杂粮

五谷杂粮是我们生活中常见的粮食，通常的五谷指的是稻、麦、高粱、小米和豆。现在五谷杂粮的范围很广泛，谷类高达33种，豆类有14种。人们通过对五谷杂粮的摄入，可以把身体调理得更加健康。

《黄帝内经》与五谷杂粮

在中国人的食谱中和餐桌上，五谷历来都是不可或缺的主角。中国人以五谷杂粮为主食的习惯由来已久，沿袭数千年。早在2000多年前的《黄帝内经》一书中就提出：“五谷为养、五果为助、五畜为益、五菜为充。气味合而服之，以补精益气。”通常人们认为稻米和小麦是细粮，杂粮就是指除此以外的粮食。我们现在所说的五谷杂粮其实是个大家族，包括了多种谷类和豆类食物，比如小米、玉米、糙米、荞麦、大麦、燕麦、甘薯、黑豆、蚕豆、绿豆和豌豆等。

▲ 小米

民间关于五谷的划分

▲ 玉米

民间把“五谷”划分为“天谷”“地谷”“悬谷”“风谷”“水谷”。天、地、悬、风、水所代表的“五谷”大都是含淀粉高、生命力强的果实。“天谷”含诸如稻、谷、高粱、麦等果实长在头顶类的作物；“地谷”含诸如花生、番薯等果实长在地面下的作物；“悬谷”含诸如豆类、瓜类等果实在枝蔓上的作物；“水谷”含诸如菱角、藕等在水中生长果实的作物；唯有“风谷”特殊，指玉米是通过风传播花粉，将头顶花粉吹到作物中节长出的须上，从而结出果实。

以形补形

中国是传统的农业大国，五谷作为粮食结构的主体是国人生存的根基，是人们最主要的食物，用来充养五脏之气，它犹如盖高楼大厦的地基。五谷除了性味甘平，还饱含生命能量。人们吃的都是一颗颗种子，都是保留遗传信息最丰富的部分，是足以成长为一棵植物的能量，这可是真正“养”人的东西。中医讲求“以形补形”，植物的种子最养脾胃、最补肾。

▲甘薯

▲蚕豆

▲燕麦

爽口蔬菜

蔬菜的“蔬”与“菜”两个字同义，广义指可以吃的草本植物。现代专家认为：凡是栽培的草本植物，包括部分木本植物和菌类，所有可以用来佐餐的植物可列入“蔬菜”的范畴，有毒的植物除外。

根菜类

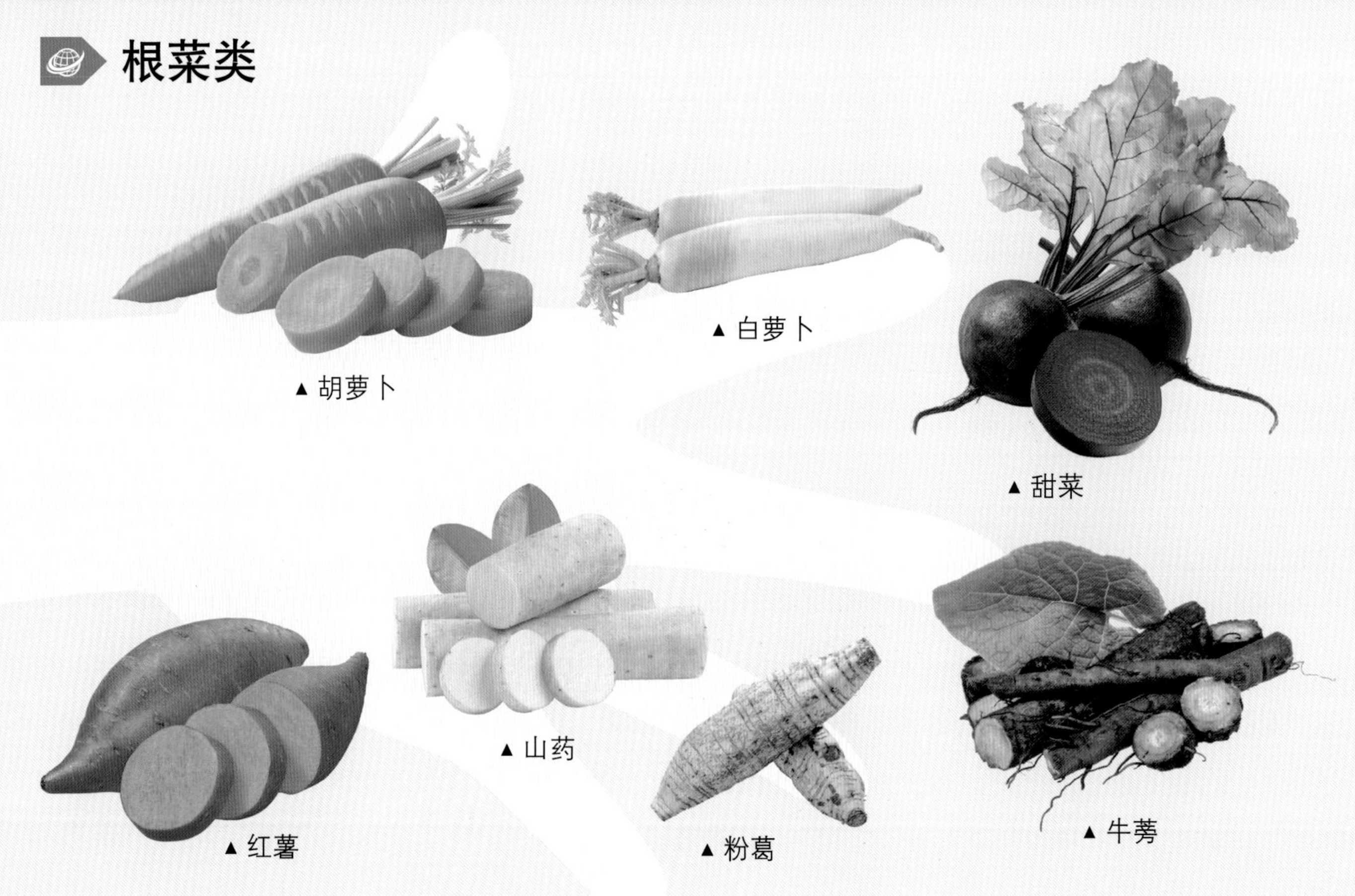

▲胡萝卜

▲白萝卜

▲甜菜

▲山药

▲红薯

▲粉葛

▲牛蒡

茎菜类

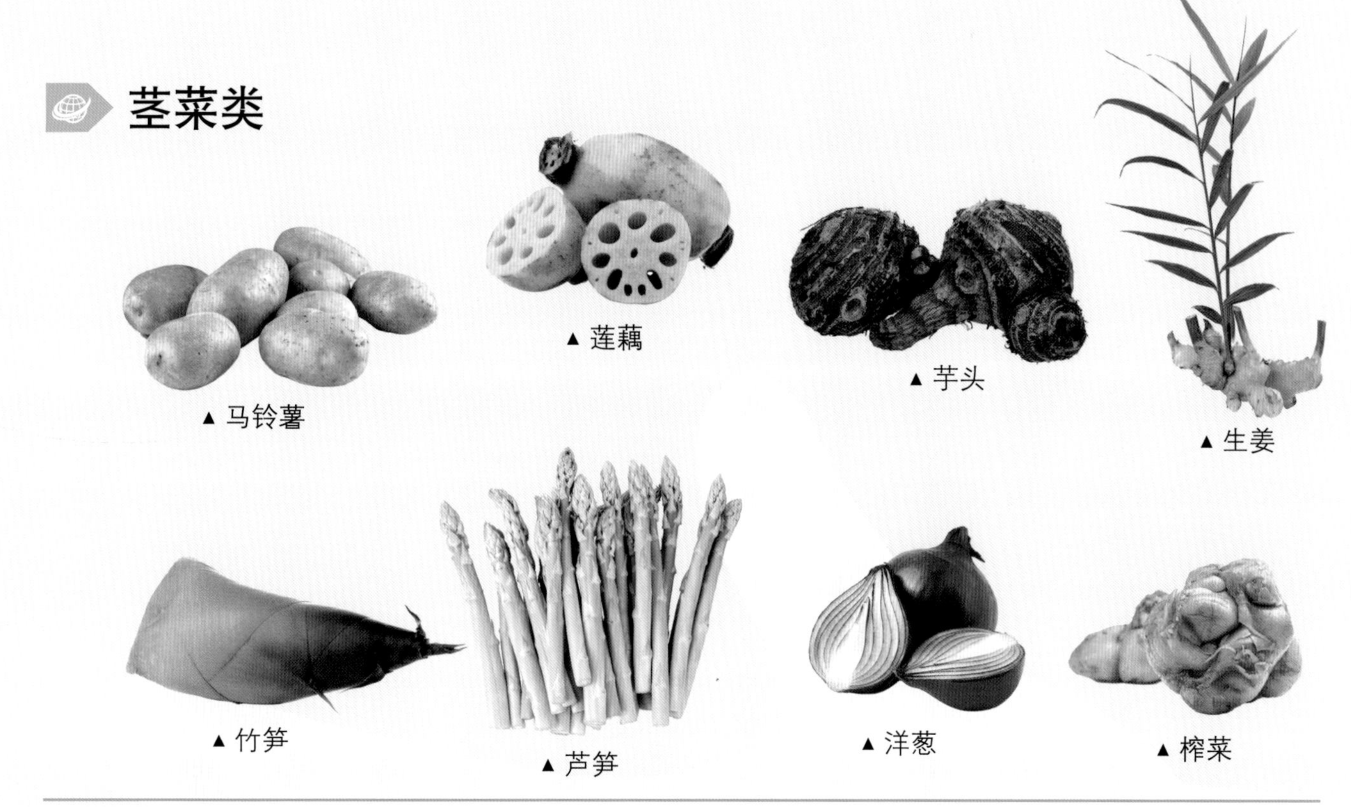
▲马铃薯 ▲莲藕 ▲芋头 ▲生姜
▲竹笋 ▲芦笋 ▲洋葱 ▲榨菜

叶菜类

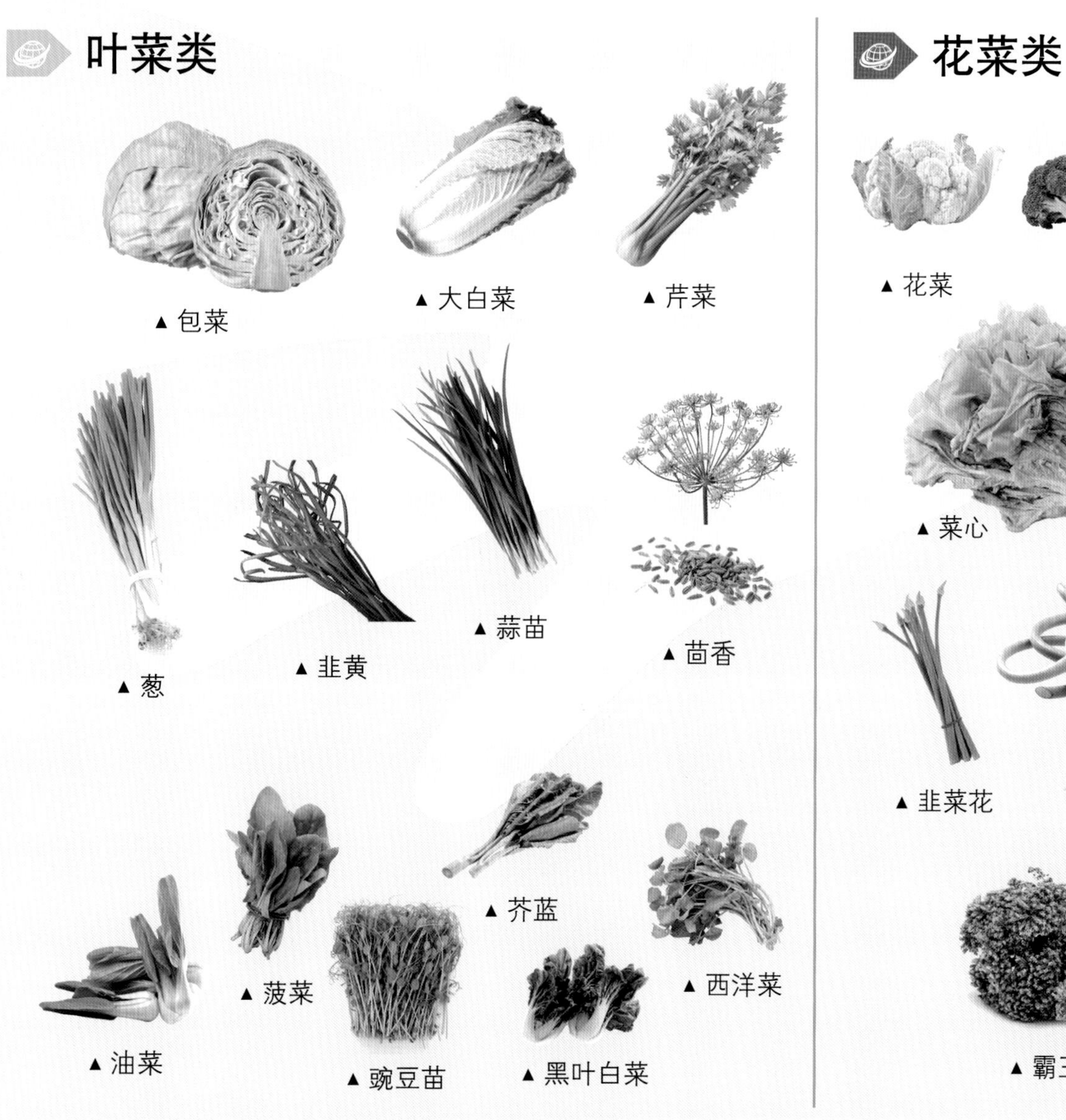
▲包菜 ▲大白菜 ▲芹菜
▲葱 ▲韭黄 ▲蒜苗 ▲茴香
▲油菜 ▲菠菜 ▲豌豆苗 ▲芥蓝 ▲黑叶白菜 ▲西洋菜

花菜类

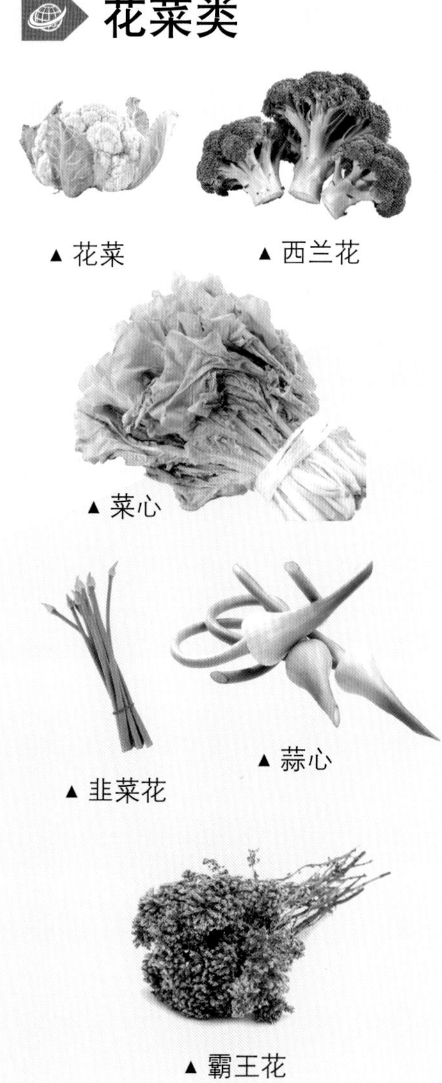
▲花菜 ▲西兰花
▲菜心
▲韭菜花 ▲蒜心
▲霸王花

果菜类

▲ 黄瓜　▲ 苦瓜　▲ 木瓜　▲ 葫芦瓜

▲ 佛手瓜　▲ 冬瓜　▲ 南瓜

▲ 白茄　▲ 番茄　▲ 红尖椒　▲ 指天椒

▲ 豆角　▲ 荷兰豆　▲ 甜豆　▲ 黄豆　▲ 花生

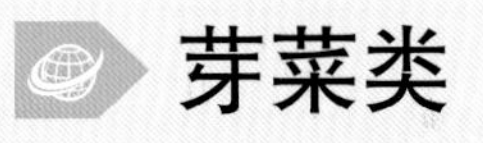

芽菜类

▲ 黄豆芽

▲ 绿豆芽

木本蔬菜

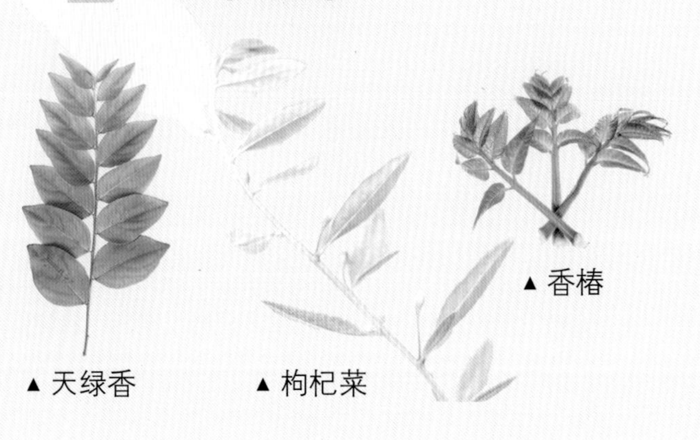

▲ 天绿香　▲ 枸杞菜　▲ 香椿

海底蔬菜

▲海带

▲紫菜

▲裙带菜

食用菌

▲香菇

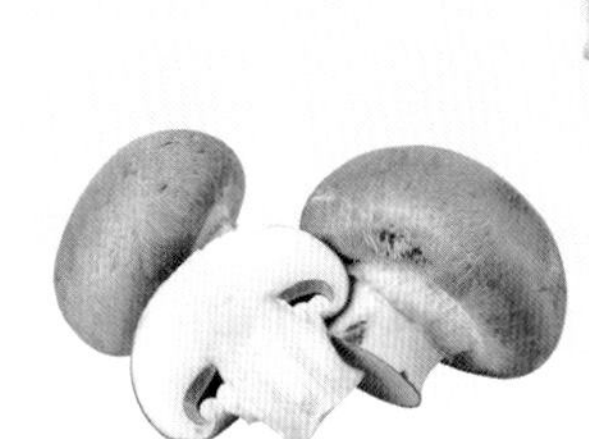
▲蘑菇

▲平菇

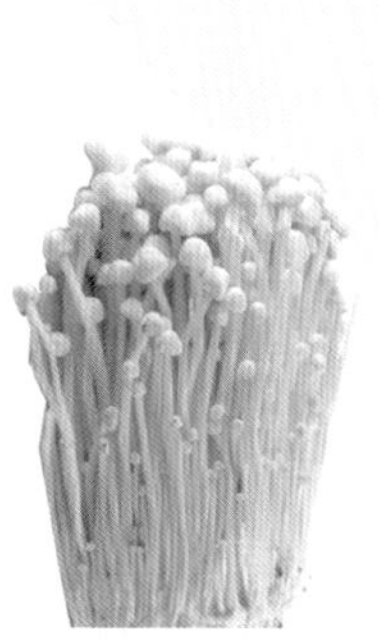
▲金针菇

▲猴头菇

野菜

▲清香菜

▲人参叶

▲马齿苋

▲紫背菜

▲田七叶

清凉草

▲鸡骨草

▲鱼腥草

▲白茅根

▲车前草

▲艾叶

洋菜

▲荷兰西红柿

▲日本生菜

▲美国甜瓜

珍稀植物的保护

珍稀植物一般都是生存年代久远、濒临灭绝的物种，它们在植物的世界里弥足珍贵。目前世界上植物物种在大幅度减少，其速率远超地质历史上的任何时期。

自然原因

从根本上来讲，对环境的适应能力决定着一个物种的生存发展周期，所谓适者生存就是这个道理。地球环境的变迁改变了植物物种多样性的分布格局，其中必然有一些植物不能适应新的环境而导致种群衰退并趋向灭亡。当一个物种在地球上存在一定时间后，其自身的生物学特征逐渐发生变化，与其他生物之间的竞争力和对环境的适应力便会下降，最终导致该物种的灭绝。

人为因素

在岛屿、热带和地中海地区的植物灭绝率很高，因为这些地区是最容易被人类活动影响的独特物种的家园。科学研究认为，植物灭绝率的上升是由于某些区域的物种栖息地在逐渐丧失，物种受人为影响灭绝这个问题比植物自然灭绝本身更严重。植物灭绝产生的连锁反应，对人类的影响也是深远的。

植物园

植物园是收集、保存多样性植物的园区。目前，全世界约有3000个植物园和树木园，承担着保护植物资源的任务，收集保存了近8万种植物，约占世界植物总数的25%，其中珍稀濒危植物有近1.5万种。我国已建有200多个植物园，收集、栽培了2.3万余种的中国区系植物，占全国植物种类的65%，其中属于中国野生分布的有1.3万种。

哪些植物需要保护？

对于保护什么样的植物，各国科学家基本上考虑以下两个主要标准：植物的濒危程度，植物所具有的科研或经济价值。具体方法是确定植物的濒危等级或保护级别。

世界珍稀植物

植物与人类相伴而生，是与人类关系最为亲密的物种。植物的起源、进化、繁衍和消亡，显著影响着人类世界的过去、现在与未来。世界珍稀植物是人类重点保护的对象，这些植物分布在世界各地。

王莲

在亚马孙热带雨林中，王莲是神奇的物种。它们是莲中之王，是世界上最大的睡莲。它漂浮于水面上，直径达2米多。

百岁兰

百岁兰生长在非洲西南部干旱少雨的沙漠地带，生命力顽强，生存周期长。这是一种矮树桩形的植物，整株植物只有一对叶子，百年不凋，故称为百岁兰。

金花茶

金花茶是我国国家一级保护植物，生长在野外山坡地带。20世纪60年代，生物学家首次在广西南宁一带发现了这种珍稀的金黄色的山茶花，把它命名为金花茶。国外称之为神奇的东方魔茶，它被誉为“植物界大熊猫”“茶族皇后”。

银杉

银杉产于中国，是一种稀有树种，分布在我国广西、湖南、重庆等地的山区中，主要生长在阔叶林中和山脊地带。

银杏树

银杏树是树类植物的寿星老儿，生长缓慢，树龄可达千余年。因此有人把它叫作“公孙树”，有“公种而孙得食”的含义。银杏树的果实也叫作白果，因此银杏又名白果树。它具有观赏、经济、药用价值。

最高的树

世界上最高的树生长在澳洲大陆的草原和丘陵地带，名叫杏仁桉树，一般都高达100米，最高的可达156米，树冠高耸入云，可与五十层高楼比肩而立。在人类已测量过的树木中，它是最高的树。鸟在树顶上歌唱，它的声音在树下听起来，就像蚊子的嗡嗡声一样。

生命力顽强的植物

有些植物，给它们一点儿空间，它们就要顽强地生长，为这个世界添一抹色彩。世界上生命力顽强的植物非常多，在极端的天气条件下它们照样能存活，像卷柏、沙棘、胡杨和百岁兰等，它们对生态环境的保护起到了非常重要的作用，很多都是沙漠地区的守护者。

 沙棘

在干旱、贫瘠的荒漠地带，沙棘默默耐受着恶劣的生存环境，它们极度耐干旱、贫瘠、冷热的能力堪称植物之最。对植被稀少、生态环境极为脆弱的区域，沙棘是绝对的先锋树种，它不但能够快速恢复植被，而且能够尽快地恢复生物链。

 胡杨

胡杨以“生长千年不死，死后千年不倒，倒后千年不朽”而闻名，它是茫茫大漠的守护神，防风固沙的作用突出，是一种生命力极为顽强的植物。

芦荟

芦荟只需少量水分和充足的散射光照，即可正常生长。如果在种植过程中出现积水烂根的情况，只需对腐烂部位进行切除，之后更换盆土，将健康部位重新种植，就可使其继续生根成活。

仙人掌

原本生长在沙漠之中的仙人掌，习性抗旱耐活。即使长时间不浇水，其本身极好的耐旱性也不会使其因缺水而死亡。

向宇宙进发

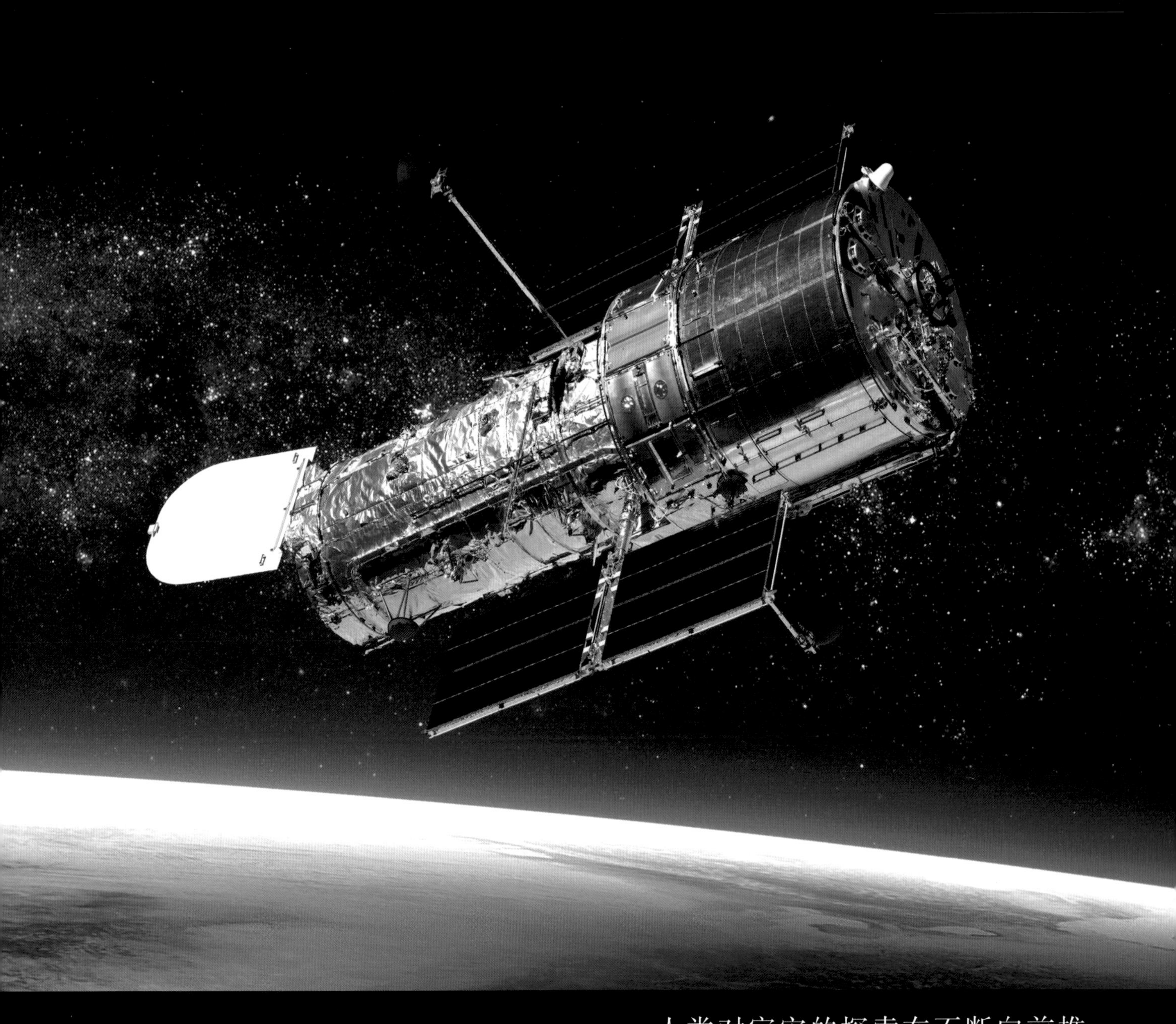

人类对宇宙的探索在不断向前推进，我们认识的越多，发现所知的越少。神秘宇宙的无限空间，吸引着人类渴求探索的目光。面对着未来宇宙的探索，我们愿意牵着每一个孩子的手，一起仰望星空，去探索宇宙未知的奥秘，打开未来宇宙的新世界。

茫茫宇宙

宇宙有广义和狭义之分。作为时间和空间的统一，是从广义上说的，其包括一切天体的无限空间，一切物质及其存在形式的总体。从狭义上来说，宇宙是地球大气层以外的空间和物质的统称。

宇宙的特点

宇宙由大小数量规模不同的星系构成，它们都有一个共同点——可观测、可计算。宇宙是多样又统一的，多样在于物质表现状态的多样性，统一在于其物质性。

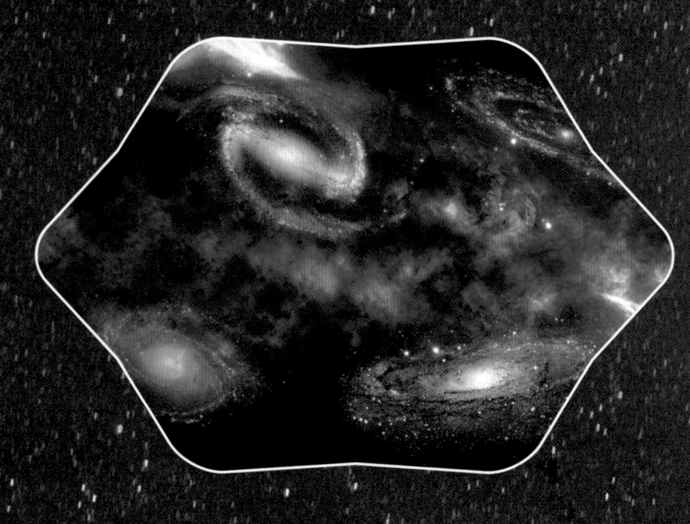

宇宙的年龄和空间

2013年3月21日，欧洲航天局把宇宙的精确年龄修正为138.2亿岁。整个宇宙的大小可能为无限大，但目前未有定论。不过有个值是可以确定的，那就是人类可观测到的宇宙范围，这个值大约为930亿光年。

古代对宇宙的定义

西汉的《淮南子》载："纮宇宙而章三光。"高诱注："四方上下曰宇，古往今来曰宙，以喻天地。"

浑天说

浑天说是中国古代关于天地形状的一种描述：天地原本是一个鸡蛋，蛋壳处于最外层，包裹着蛋黄。张衡认为浑天说比较符合观测的实际。此外，古人还曾经提出盖天说、宣夜说，在春秋战国时期民间就有嫦娥奔月的传说，汉代学者张衡也曾提出"宇之表无极，宙之端无穷"的无限宇宙概念。

"奇点"创造的奇迹

奇点是一个天文学、物理学概念，也称为时空奇异点、引力奇异点。奇点概念构成宇宙大爆炸理论的基础，宇宙的诞生和不断膨胀都是由奇点爆炸引起的。大爆炸以前没有时空，只有一个虚拟的奇点。这个奇点没有体积，只有无限曲率和密度。

哈勃空间望远镜

哈勃空间望远镜的出现，是人类遥望太空的重要的里程碑事件。它于1990年4月24日在美国肯尼迪航天中心由"发现者"号航天飞机成功发射。它是以著名天文学家、美国芝加哥大学天文学博士爱德文·哈勃为名，哈勃望远镜无与伦比的灵敏度给人类带来了有史以来最深邃的可见光下的天文学图像。

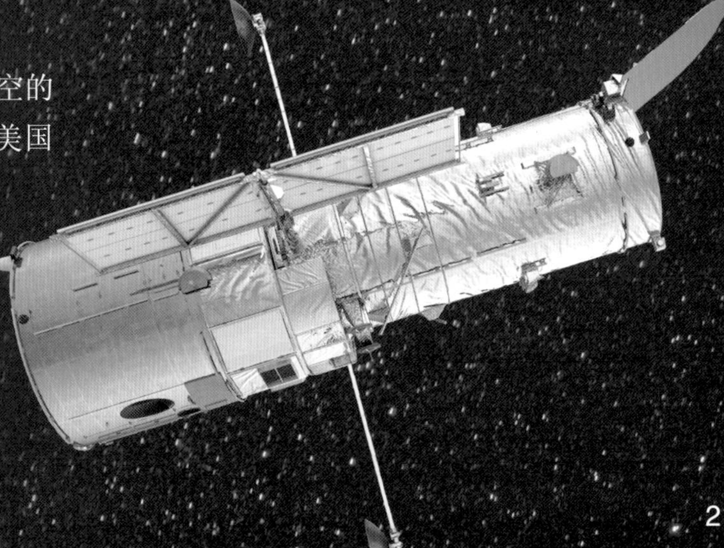

我们的银河系

银河系是宇宙中的一个恒星系统，它既是浩瀚宇宙的一个普通的星系，同时又因为它是地球和太阳系所在的星系而被人类所重视。因其投影在天球上的乳白亮带——银河而得名。从地球看银河系呈环绕太空的银白色的环带。

银河系的特点

银河系呈旋涡状，有4条螺旋状的旋臂从银河系中心均匀对称地延伸出来。银河系中心和4条旋臂都是恒星密集的地方。

银河系的形状

从茫茫的太空遥望银河系，这个飘浮着千万颗恒星的庞大星系，就如同一个体育比赛用的大铁饼，大铁饼的密集部分的直径大约有8万光年，中间最厚的部分约1.2万光年。太阳距离银河系中心约3万光年。

银河系有多大

银河系中包含了大量的可发光的恒星，它们是类似太阳这样的恒星，同时也拥有自己的行星系统。银河系包含1000亿颗以上的恒星，恒星以外还有各种类型的银河星云、星际气体和尘埃。

宇宙年

星系在旋转，太阳绕银河系一周大约需要2.5亿年，这一周期通常叫作宇宙年。在一个宇宙年前，地球上最高级的生命形式是两栖动物，甚至恐龙都没有出现。设想一下，下一个宇宙年后地球的样子将是什么样的？

河外星系

在星际天体理论中，首次提出河外星系概念并形成系统理论的是哈勃，河外星系理论的提出，将人类的认知首次拓展到遥远的银河系以外，是人类探索宇宙过程中的重要里程碑。它的主要观点是：银河系以外是由几十亿甚至几千亿颗恒星、星云和星际物质组成的天体系统。

河外星系有多大

根据科学家们长期的观测，发现大约有10亿个同银河系类似的星系存在于天体之中，探索距离达360亿光年。天体之大，远超出人类的想象。

星系天文学之父

美国天文学家爱德文·哈勃（1889—1953），是研究现代宇宙理论最著名的人物之一，也是河外天文学的奠基人。他开辟了河外星系和大宇宙的研究，被誉为“星系天文学之父”。

星系分为三大类

天文学家经过长期观测和系统分析，将河外星系分为三大类：椭圆星系、旋涡星系和不规则星系。旋涡星系又可分为正常旋涡星系和棒旋星系。星系分类法是在20世纪20年代由爱德文·哈勃提出的，一直沿用至今。

仙女星系

在适度黑暗、天空非常透彻的初冬夜晚，在我国东北方向的天空中，可以用肉眼发现一个纺锤状的椭圆光斑，这就是“仙女星系”。仙女星系是第一个被证明的河外星系，是人类肉眼可以看见的最遥远的天体。

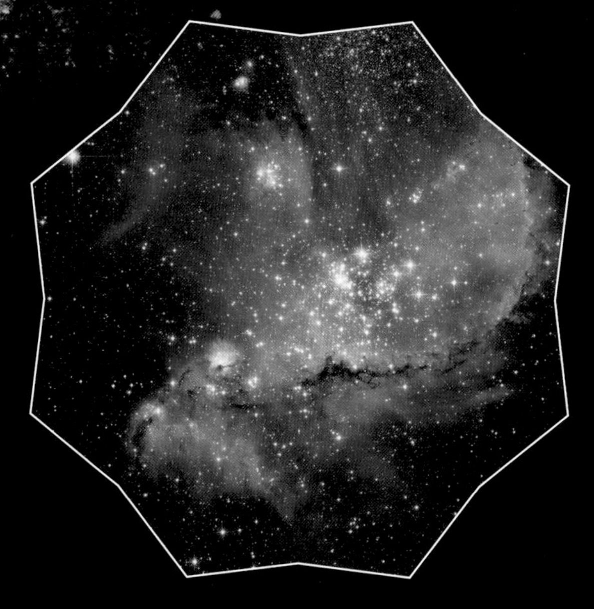

大麦哲伦星系和小麦哲伦星系

大麦哲伦星系和小麦哲伦星系，以葡萄牙航海家麦哲伦的名字命名。因为这两个星系是由他首先在南半球发现的。它们是距银河系最近的河外星系，而且和银河系有物理联系，它们共同组成一个三重星系。大麦哲伦星系，距离地球16万光年，小麦哲伦星系距离地球19万光年。从外形上划分，它们都是不规则星系。

恒星的世界

恒星是宇宙中数量最多的天体，是高温的球状气体，能自己发光、发热；它们的能量来源于“燃烧”自身的气体，在一颗恒星内气体的多少，直接影响它的温度和体积。

恒星的诞生

按照宇宙大爆炸理论，恒星起源于宇宙中的最原始的尘埃物质，科学家形象地称其为“星云”或者“星际云”。

“侏儒”和“巨人”

太阳的体积超过130万个地球，这似乎已经很大了，但是在恒星的世界里，还有很多恒星比太阳更大。例如，仙王座VV星的直径约是太阳的1600倍，体积是太阳的40亿倍。此外，还有一些比太阳小的恒星，恒星遗骸中子星的直径只有十几千米，可谓是恒星世界中的超级迷你“侏儒”了。

成双结对

双星相伴是天文学上常见的现象。这种现象源于两颗恒星之间彼此的引力作用，这种作用导致它们共同围绕着同一个轨道运行。双星系统在宇宙中非常普遍，大约有一半的恒星被证明是双星或聚星。已发现的双星约有8万对。

宇宙航行

现代航天技术的成果有哪些可以去实现宇宙航行？现在所知的动力源技术并得到实践验证的有：化学燃料、原子反应堆、多级火箭结构等。这些技术可以使速度达到每秒几十千米。这个速度的数量级，基本达到了宇宙三大速度（第一宇宙速度、第二宇宙速度、第三宇宙速度）。因此，目前人类在太阳系内旅行的动力基本没有问题。人类要想跨星际旅行，还需要有达到光速条件能力的航天飞机。

星团

许多恒星在漫长的演化过程中，互相靠近形成一个一个的集团，它们年龄一致，早期内部成分一样，天文学家把它们称作星团。星团内的恒星数目不等，少的有10多颗，多的则有几百万颗，分为球状星团和疏散星团两类。星团年龄有大有小，年轻的星团都是一些年数短的、炽热的蓝色恒星，而老年的星团包含许多红巨星，它们正在走向生命的末端。

明亮的光带

恒星是自身能发出光和热的星体。以前科学家们认为这些星体的位置是固定不变的，所以起名叫恒星。其实，任何恒星都在运动中，只是由于它们距离地球太远，人们不容易看到它们位置的变化。早在公元前5世纪，古希腊科学家就提出夜空中明亮的光带可能是由恒星组成的。在17世纪初，意大利天文学家伽利略通过望远镜发现，天空中明亮的光带其实是由许多恒星组成的。

▲ 水星

▲ 金星

▲ 地球

▲ 火星

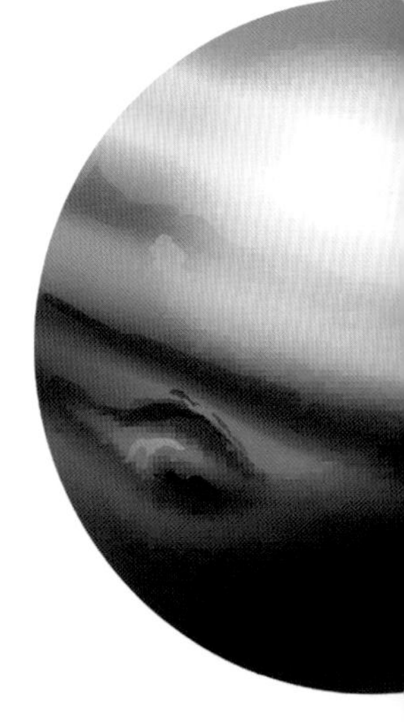

▲ 木星

地球的近邻

按照距离太阳远近，八大行星排行为：水星、金星、地球、火星、木星、土星、天王星、海王星。地球的“左邻”是金星，“右舍”是火星。月球是地球唯一的卫星。

火星

它是离地球第二近的邻居，经常被称为地球的双胞胎兄弟。火星直径约为地球的一半，它与地球有着很多相似之处，然而它与地球最大的不同在于运转轨道。火星不仅离太阳更远，而且它的轨道更加椭圆，因而造成了火星在温度和天气形态上与地球有很多不同之处。

火星沙尘暴

太阳系内最大的沙尘暴在哪里？根据火星探测器发回的清晰图片显示，这个荒凉星球上最大沙尘暴的直径可达几千千米，沙尘暴覆盖整个星球并且将它掩盖得看不见。沙尘暴在火星最靠近太阳时出现，并且会使全球气温升高。

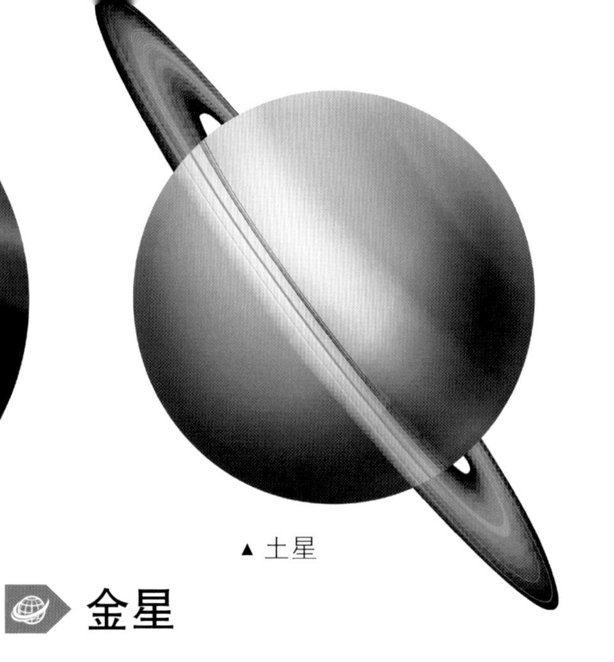

▲土星

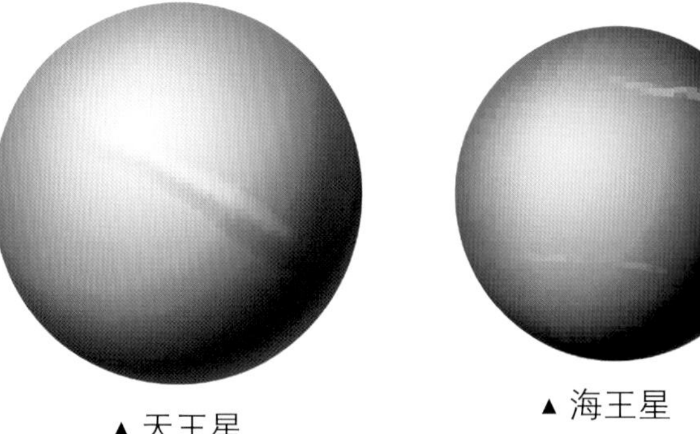

▲天王星

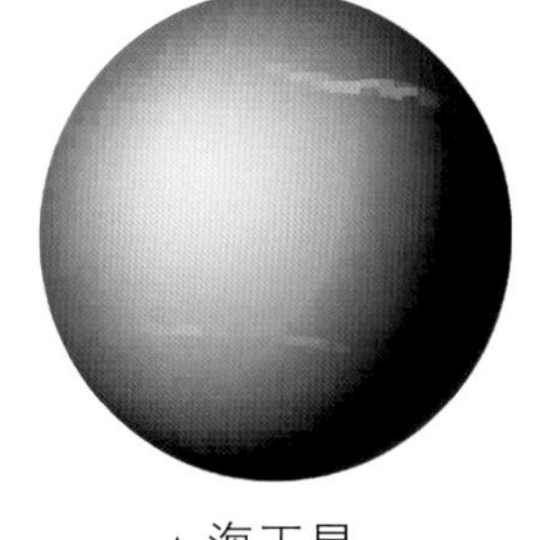

▲海王星

金星

金星在太阳系的八大行星中，是从太阳向外的第二颗行星，轨道公转周期约为225地球日，它没有天然的卫星。它在中国古代被称为太白、明星或大嚣，另外它早晨出现在东方称启明，晚上出现在西方称长庚。

地球的姊妹星

和火星相比，人类对金星的探索和关注稍显逊色。但是如果要在太阳系内寻找一颗大小、质量、体积与到太阳的距离，均与地球相似的类地行星，非金星莫属，所以金星经常被称为地球的姊妹星。金星表面是干燥的荒漠景观，点缀着定期被火山刷新的岩石。

月球

月球作为地球独一无二的天然卫星，在人类的心目中，它是地球最亲近的伙伴，从古至今，人类社会也由此诞生了许多关于月球的美丽传说。它也是离地球最近的天体（它与地球之间的平均距离是384401千米）。1969年，尼尔·阿姆斯特朗和巴兹·奥尔德林成为最先登陆月球的人类。月球对地球的引力是潮汐现象的起因之一。

太阳系的一家

太阳系是以太阳为中心，由大行星、小行星、卫星、彗星、流星和行星际物质构成的天体系统。太阳系已知有八大行星，5颗矮行星，180多颗卫星，还有无数的小行星和彗星、尘埃。

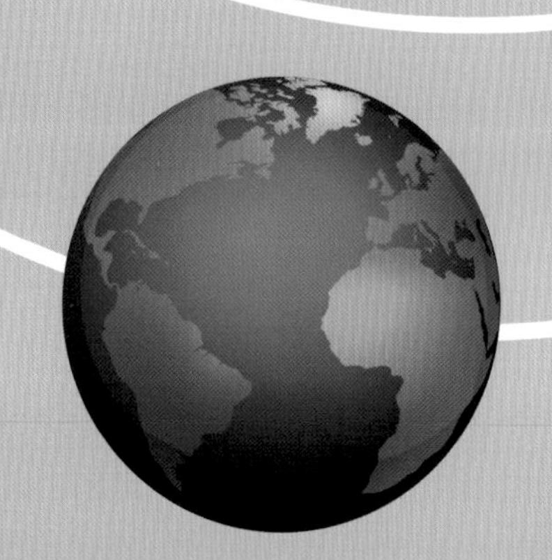

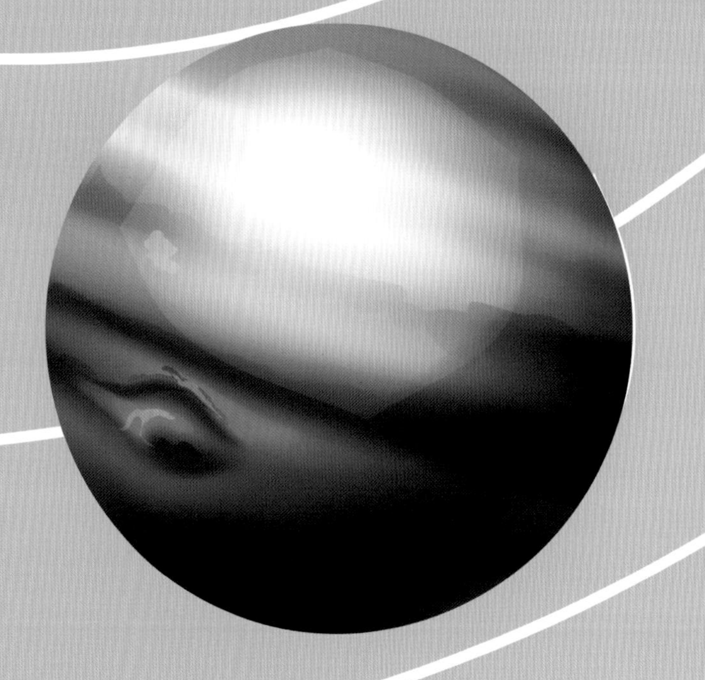

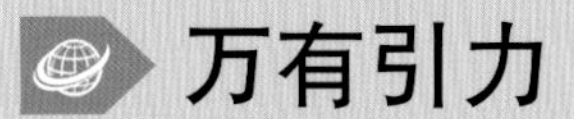

万有引力

在太阳系这个星际大家庭中，太阳是绝对的一家之主。在太阳系内，其他大小行星都沿着各自的轨道围绕着太阳旋转。如果偶尔有几个彗星和流星节外生枝，离开轨道，但也逃脱不了太阳的控制。太阳就好像用一条无形的绳子拉着其他天体一起旋转，这就是万有引力作用。这些围绕太阳旋转的天体都是不会自己发光的冷天体，它们都要靠太阳的光热来温暖、照亮自己。

行星系统和运动

在太阳系，根据行星的物质构造，行星系统被分成内、外两个系统。内系统的4颗星由岩石构成，外系统的4颗星由液化气体构成。整个太阳系在太空中旋转。在太阳系内部，行星围绕着自转的太阳运转。行星运行的轨道成椭圆形，运行方向一致，但速度不同。每个行星还围绕自己的中心自转。

太阳系的边界

和神秘未知的宇宙比起来，人类对太阳系这个大家庭的认识要丰富得多。20世纪50年代，荷兰天文学家奥尔特提出，在太阳系的外围，有一个近乎均匀的球层结构，其中有大量的原始彗星，这个球层就被称为奥尔特星云，它的直径约为1光年。不过，即使将奥尔特星云的位置作为太阳系的边缘，整个太阳系与银河系比起来，还是像海滩上的一粒沙子。

木星差点取代了太阳

木星是太阳系中最惹人注目的一颗行星，它是行星八兄弟中的老大（指体积最大）。因为太阳的质量非常大，中心的温度非常高，其引力作用能产生足够的热量和压力，使太阳中心发生核聚变反应，所以太阳成了一颗恒星，不断发光发热。如果木星质量再增加75倍，它的中心也能产生核聚变反应，从而使木星变成一颗恒星。

一家之主——太阳

人类把太阳喻为地球的母亲，因为有了太阳的光和热，地球上才孕育出充满智慧的生命。太阳是太阳系中唯一的恒星和会发光的天体，居于太阳系的中心位置。太阳的核心区域昼夜不停地进行热核反应，太阳产生的能量以辐射方式向宇宙空间发射，成为地球上光和热的主要来源。

太阳的生命周期

太阳和地球的年龄相仿，约为46亿年，目前它正处在壮年时期。天文学家推测，它还可以继续燃烧约50亿年。在它最后的生命周期里，太阳中的氦将转变成重元素，太阳的体积也将不断膨胀，直至将地球吞没。在经过一亿年的红巨星阶段后，太阳将突然坍缩成一颗白矮星，再经历几万亿年，它将最终完全冷却，然后慢慢地消失在黑暗里。

太阳的自转

以人类目前的认知能力，还无法完全探知到太阳的内部情况，所以对太阳的自转数据更多的只是猜测。太阳是一颗流体星球，它在本身自转的同时，还承担着引领整个太阳系围绕银河系运转的伟大使命。

太阳的公转

在银河系内，太阳带领着太阳系围绕银河系中心公转。天文学家推测，银河系中心可能存在巨大黑洞，但它周围布满了恒星，所以它看上去像“银盘”。这些恒星都绕“银核”公转。与地球公转不同，这些恒星公转每绕一周离“银核”会更近一些。

太阳风

太阳风是源自太阳“吹向”地球的等离子体流。它能够连续存在，且保持相应的速度。它们由比原子还小一个层次的基本粒子——质子和电子等组成。但它们穿越空间时所产生的效应与空气流动十分相似，所以称为太阳风。

太阳的“黑斑”

太阳的表面并不是无瑕的，如果用一块黑色玻璃对着太阳看，有时可以看到光辉璀璨的太阳表面会出现一些黑色的斑点，这就是太阳黑子。

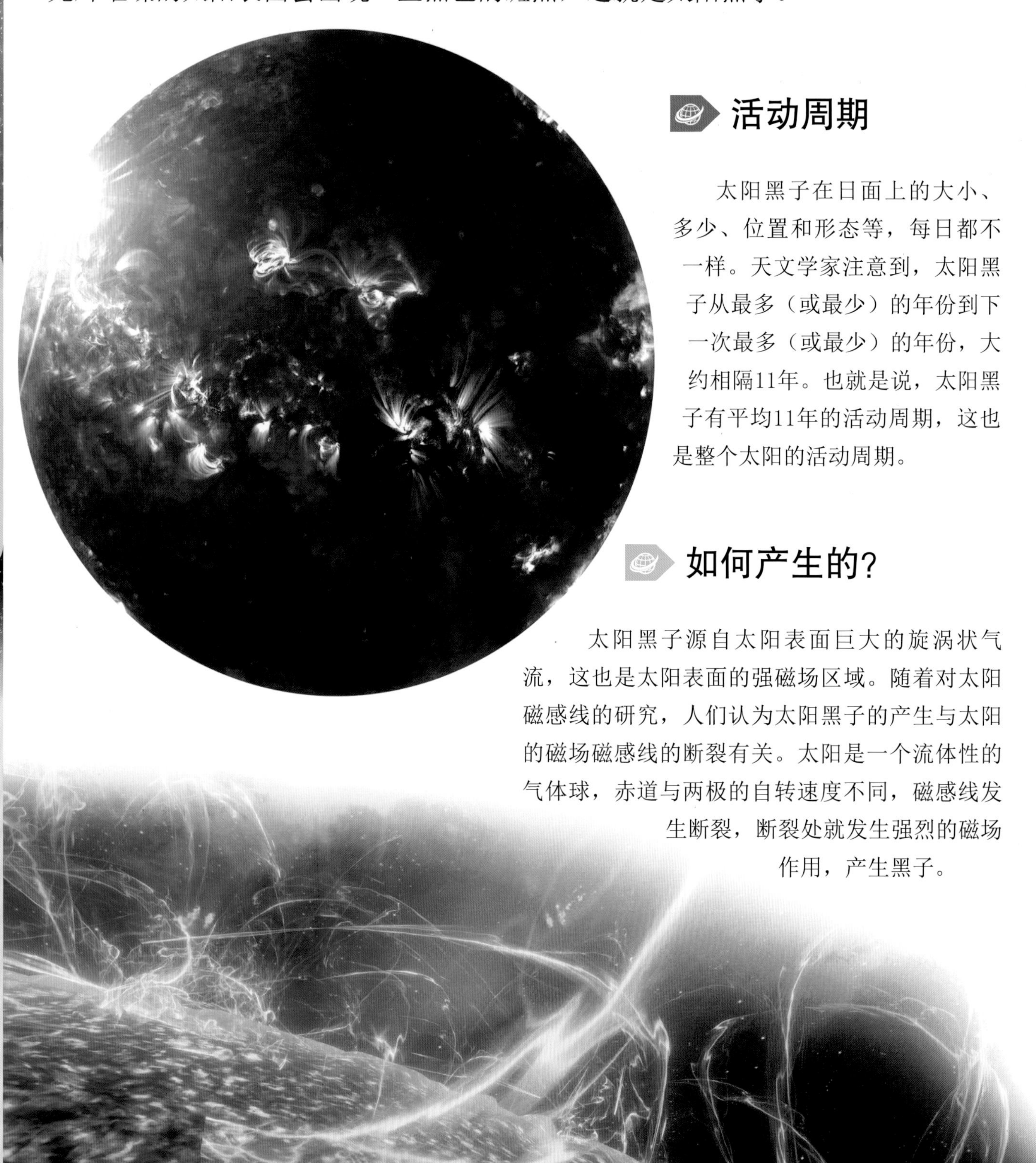

活动周期

太阳黑子在日面上的大小、多少、位置和形态等，每日都不一样。天文学家注意到，太阳黑子从最多（或最少）的年份到下一次最多（或最少）的年份，大约相隔11年。也就是说，太阳黑子有平均11年的活动周期，这也是整个太阳的活动周期。

如何产生的?

太阳黑子源自太阳表面巨大的旋涡状气流，这也是太阳表面的强磁场区域。随着对太阳磁感线的研究，人们认为太阳黑子的产生与太阳的磁场磁感线的断裂有关。太阳是一个流体性的气体球，赤道与两极的自转速度不同，磁感线发生断裂，断裂处就发生强烈的磁场作用，产生黑子。

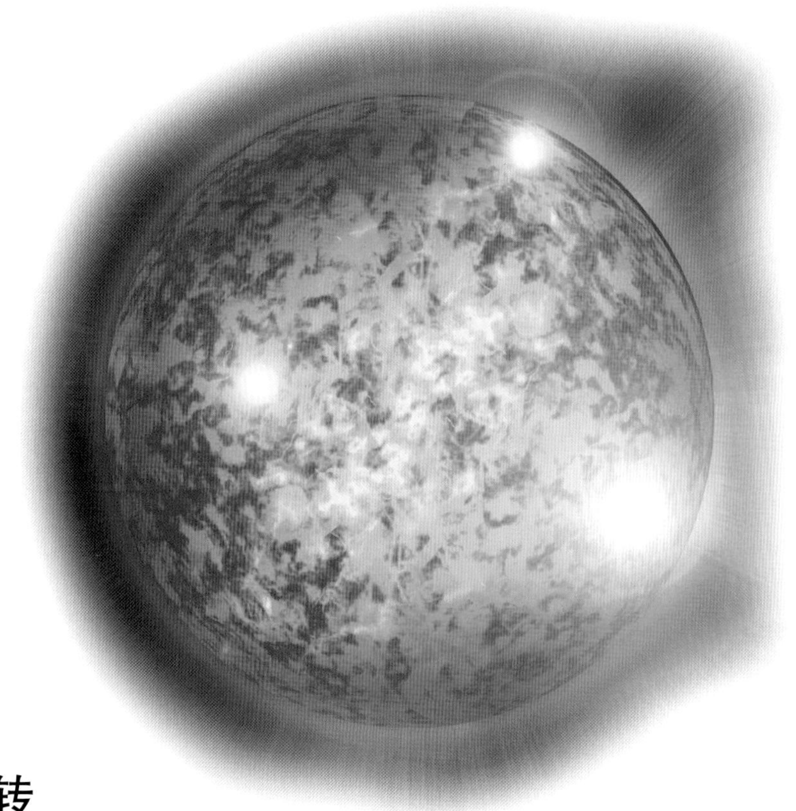

 最早记录

据考证，公元前28年有一次记录，它是人类最早有关太阳黑子的记录。20世纪70年代末，中国科学院组织天文工作者从公元前781年到公元1918年约2700年的历史典籍中，查出数百条有关太阳黑子的记载。

太阳黑子与太阳自转

欧洲最早用仪器观测太阳黑子的是意大利物理学家、天文学家伽利略。1610年12月，伽利略用望远镜多次在雾霭中观看太阳。几乎每次都在日面上看到太阳黑子，并根据黑子在日面上的逐日移动的规律推测出太阳存在自转运动。

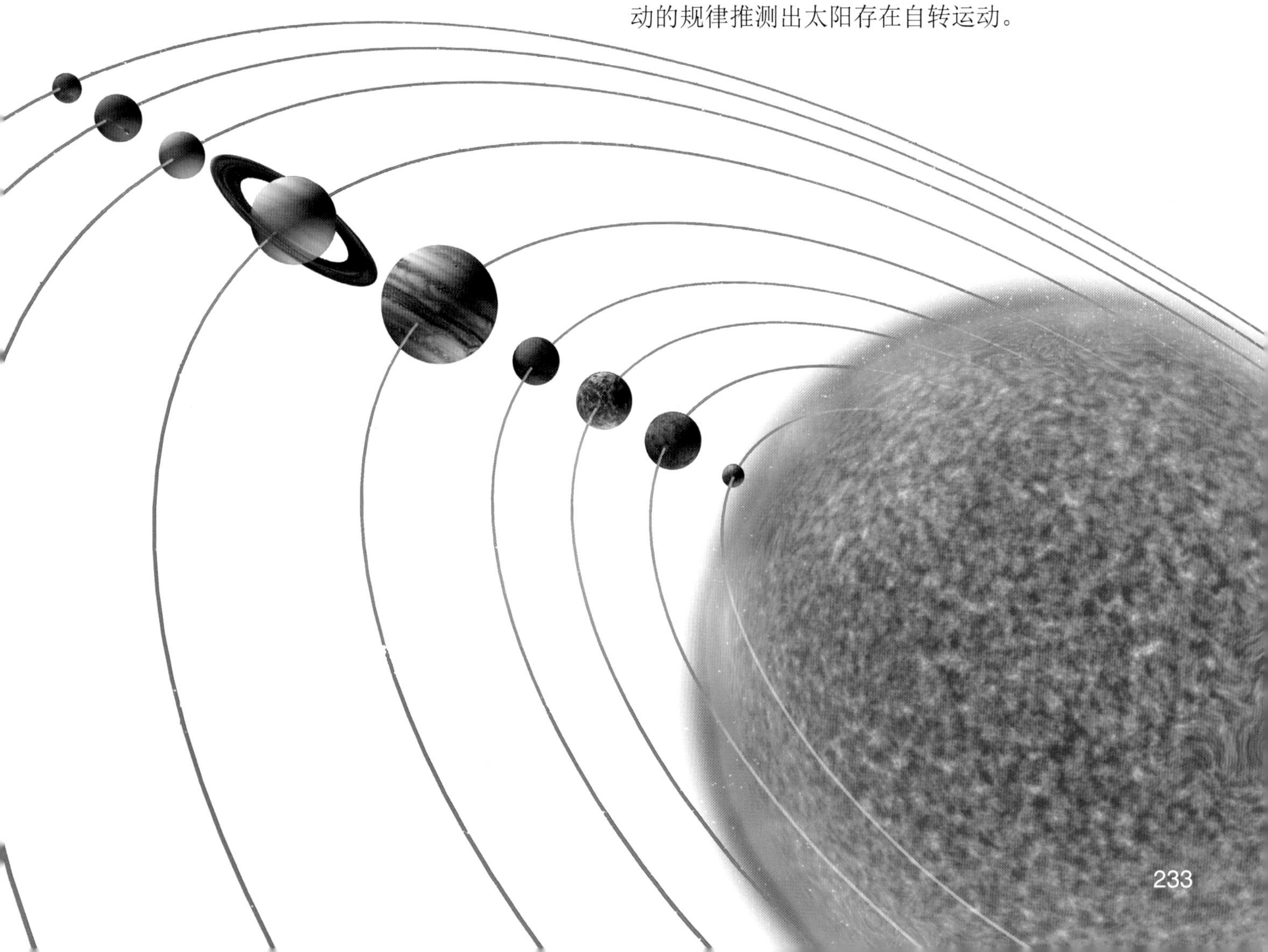

流浪者——彗星

彗星对人类来说并不陌生，作为时常造访我们美丽家园的不速之客，人类对它的了解由来已久。它通体明亮带有毛茸茸的头，拖着长长而略有点散开的尾部，像一把扫帚划过天空。这就是彗星，人们也称它为“扫帚星”。

冰粒和尘埃

彗星主要由彗核、彗发和彗尾三个部分构成。它是由飘浮在太空的冰冻的气体和混合着冰粒的尘埃物质构成的星体。

奥尔特云

天文学家推测，在太阳系外围可能存在着一个巨大的彗星区域，大约有1000亿颗彗星汇集在这里，科学家称它们为奥尔特云。由于受到其他恒星引力的影响，一部分彗星闯入太阳系内部，再加上木星的影响，一部分彗星逃离太阳系，另一些被“捕获”成为短周期彗星。

哈雷彗星

在彗星家族里，哈雷彗星在地球上可谓是“明星”，它是人类准确计算出轨道并且提前预报回归周期的第一颗彗星。哈雷彗星因英国物理学家爱德蒙·哈雷首先测定其轨道数据并成功预言回归时间而得名。它分别在1910年和1986年造访地球2次，下次回归要等到2061年了。哈雷彗星在1910年回归时达到了极其壮观的程度，亮度比金星还亮。

彗星——灾星

历史上围绕着哈雷彗星的来访有许多故事流传下来。人们对这个长着奇异形状的“天外来客”充满着复杂的感受，时常把彗星的出现和人间的战争、饥荒、洪水、瘟疫等灾难联系在一起。公元1066年，诺曼人入侵英国前夕，正逢哈雷彗星回归。当时，人们怀着复杂的心情，注视着夜空中这颗拖着长尾巴的古怪天体，认为是上帝给予的一种战争警告和预示。后来，诺曼人征服了英国，诺曼统帅的妻子把当时哈雷彗星回归的景象绣在一块挂毯上以示纪念。中国民间把彗星贬称为“扫帚星”“灾星”。

撞击地球带来水

当太阳系还很年轻时，彗星可能随处可见，这些彗星常与初形成的行星相撞，对年轻行星的成长与演化有很深远的影响。地球上大量的水，可能是许多彗星与年轻地球相撞时留下的，而这些水，后来更是孕育了地球上各式各样的生命。

天外来客——流星

在月朗星稀的夜晚，人们经常能够看见一个或者一大串像萤火虫一样的发光的物体划过夜空，瞬间消失不见，这就是流星。它是一种行星际物质在大气层中与空气摩擦而发光的现象。流星有两种，一种是单个出现的，另一种是像雨点成批出现的流星雨。

陨石

简单来形容，陨石就是天上落下来的石头，它从遥远的宇宙星际空间而来，被地球引力俘获。其坠落速度堪比飞机速度的100倍，它在快速坠落时和空气摩擦产生了大量的热量，温度高达1000摄氏度。在那样的高温下坠落时发光的星火就被称为流星。

狮子座流星雨

狮子座流星雨在每年的11月14日至21日出现。流星的数目为每小时10～15颗，但平均每33年狮子座流星雨会出现一次高峰，流星数目可超过每小时数千颗。

俄罗斯陨石事件

2013年2月15日，俄罗斯的车里雅宾斯克发生了一起陨石事件，一颗直径约18米、重量约12000吨的小行星袭击了这里。幸运的是，这颗陨石在空中就发生了爆炸，并迅速解体，所以没有造成太大的损失。

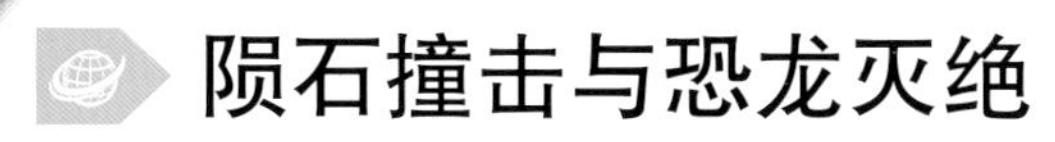

陨石撞击与恐龙灭绝

6500万年前，一个伦敦市那么大的陨石撞击了地球，由此形成了巨大的尤卡坦半岛坑，大型海啸不分昼夜地席卷而来。人们推测恐龙灭绝或许就是由这颗陨石引起的。

陨石的真实面目

陨石也叫作陨星，是地球之外的星际空间坠入地球的物质，俗称“天外来物”。

微缩版的小行星

地球是一颗很幸运的星球，在浩瀚无垠的宇宙，我们的地球集万千宠爱于一身，始终处于一个相对稳定的安全环境之中。但是一些陨石会横冲直撞地不请自来，它们是一些流星体，或者是彗星留下的“尘埃”，类似微缩版的小行星“撞击了地球”而留下的残骸。

陨石之最

由于内部所含的成分不同，陨石可以划分为石陨石和铁陨石两类。世界上最大的石陨石是吉林1号陨石，重1770千克，它是人类已收集的最大的石陨石。目前世界上保存最大的铁陨石是非洲纳米比亚的霍巴陨石，重约60吨；其次是格陵兰的约角1号陨石，重约33吨；我国新疆陨石，重约28吨，是世界第三大铁陨石。

天外信息

根据推测，陨石能够携带地球以外天体的原始信息。也有人推测，地球上的生命也是来源于陨石所带来的有机物质。迄今为止，地球上发现的陨石数目众多，也有许多在地面上留下了亘古不变的痕迹。1908年6月30日在西伯利亚通古斯河流域的通古斯大爆炸，就有可能是巨大陨石撞击地球引起的。

去太空旅行

苏联宇航员尤里·加加林是人类进入太空的第一人，他在1961年创造了这个纪录。1969年，美国宇航员尼尔·阿姆斯特朗和巴兹·奥尔德林成功登上月球。这是人类首次登月，这之后包括我国在内的多个国家实现了成功登月。

离子推进器

离子推进器能够产生带电粒子或离子，这些物质是推动离子推进器在太空高速行进的主要能源。与常规火箭相比，离子推进器虽然产生的推力较小，但产生相同的推力所耗费的燃料要比常规火箭少得多。离子推进器长期稳定工作能把飞行器加速到极高的速度，能够推动载人飞船在一个多月内到达火星。

太空飞行技术

以人类目前掌握的太空飞行技术，遨游太空的梦想还很遥远。目前的太空飞行技术——化学燃料火箭，无法用于长距离的深空飞行，所以人类未能走得更远。如果人类未来想进行深空星际旅行，就需要采用一些新的技术。

核聚变动力火箭

在火箭上配置一个聚变反应堆，汇聚核聚变反应堆的能量推动火箭高速前行，这就是核聚变动力火箭。20世纪70年代，英国星际学会详细地研究了核聚变动力火箭，它们可以在50年内把人类送往另一个星系。美中不足的是，尽管研究人员已经努力了几十年，但至今还没有一个可以工作的核聚变反应堆。

太阳帆

太阳帆的工作原理是利用太阳能提供的能量形成推力，这项技术非常有前途。它能够确保宇宙飞船在太阳系内飞行时，得到足够强大的太阳光能推进力。该技术已在真空室中测试成功，在太空轨道上的测试却失败了。2005年，美国行星协会设计的世界第一艘太阳帆飞船“宇宙1号”，因为火箭推进器出现故障，发射失败。

磁场帆

磁场帆的设计原理是利用磁场的反作用力来获取前行的动力，科学家们设想，如果能够在太空飞船的周边创造一个与太阳风相互排斥的磁场，这样就能够利用磁场的排斥力推动飞船飞行。这种设计应该与太阳帆类似，只不过磁场帆是由太阳风提供推动力，而不是太阳光。

核脉冲推进技术

核脉冲推进技术是一种十分大胆的设想，基本原理是通过定期引爆核弹推动火箭前进。这种设计的基本原理看似简单，实际运用起来却困难很大。尽管存在许多担忧，一些科学家仍然在继续提出新的核脉冲推进方案。从理论上来说，一艘由核弹驱动的飞船速度可以达到光速的1/10，以这样的速度到达最近的星系只需要40年。

探索太空

人类自诞生以来，就对神秘莫测的宇宙太空充满了各种奇思妙想。在未来，为了更加自由地遨游于宇宙太空，人类探索的脚步还将继续。

人造卫星

1957年10月4日，苏联发射了第一颗人造地球卫星“斯普特尼克1号”，这是第一颗进入行星轨道的人造地球卫星。

加加林——第一个太空人

在人类探索宇宙的历史上，苏联宇航员尤里·加加林是一位里程碑式的传奇人物。1961年4月12日，他成为人类进入太空的第一人，他完成了一次108分钟的轨道运行。二十三天后，艾伦·谢泼德成为第一位进入太空的美国人。2003年，杨利伟成为第一位进入太空的中国人。

人类登上月球

1969年7月20日，美国宇航员尼尔·阿姆斯特朗成为第一个踏上月球的人，他的队友巴兹·奥尔德林在20分钟后也登陆月球。在1969年至1972年，作为美国宇航局阿波罗计划的一部分，12名美国宇航员都在月球上行走过。

空间站

1971年4月19日，苏联发射了第一个轨道空间站“礼炮1号”。

火星登陆

1976年7月20日，美国宇宙飞船“海盗1号”成为第一艘成功登陆火星并发回红色星球图像的飞船。

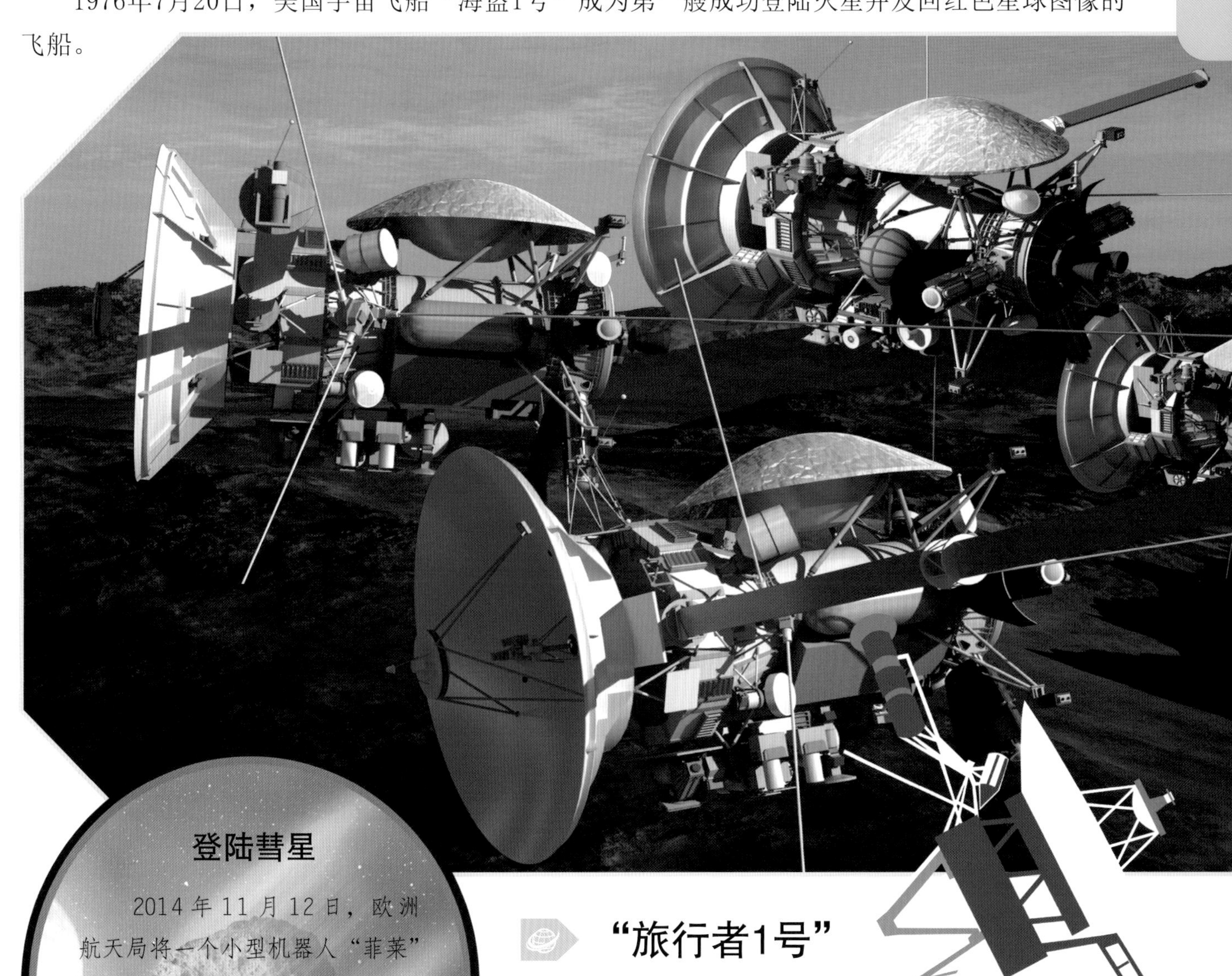

登陆彗星

2014年11月12日，欧洲航天局将一个小型机器人“菲莱”放置在离地球5亿多千米的彗星上。它是第一颗彗星着陆器，旨在探索太阳系起源。

“旅行者1号”

无人驾驶的“旅行者1号”是人类探索太空的先驱，承载着人类对宇宙探索的梦想。它是目前距离地球最远的人造物体，由美国宇航局于1977年9月发射，目前仍然在旅行。2013年9月，它飞出太阳系进入星际空间，离地球约187亿千米。

航天飞机

1981年4月12日，美国第一艘可重复使用的载人宇宙飞船哥伦比亚号航天飞机首次航行。接下来是挑战者号、探索者号、亚特兰蒂斯号和奋进号，它们服务于国际空间站，直到2011年美国航天飞机计划才宣告结束。两架美国航天飞机在飞行中被摧毁，美国失去了14名宇航员，它们是1986年的挑战者号和2003年的哥伦比亚号。

未来的太空

对人类来说，起源于一个奇点的宇宙的年龄实在是太大了。138亿年是很长很长的一段时间，但实际上宇宙仍然处于早期阶段，未来不断膨胀的宇宙将会一直存在下去。

太阳——白矮星

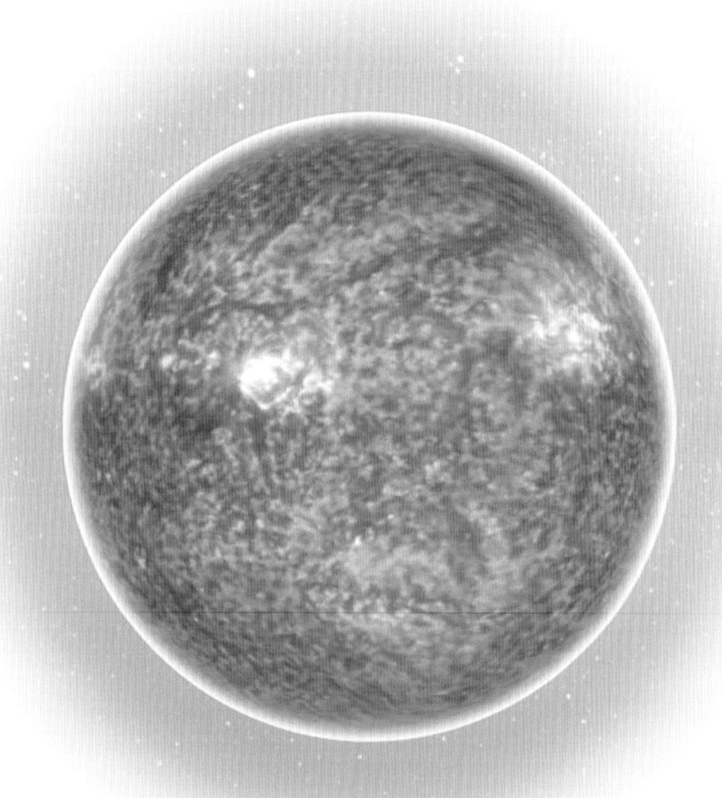

根据科学家对恒星演化的推理，太阳的寿命应该还有50亿年左右。太阳在生命的终点，将耗尽其核心最后的核燃料，经历红巨星阶段，最后将外层的氢壳吹走，形成行星状星云。而其内部核心将收缩成一颗白矮星，其质量约为地球的大小，但密度是地球的10万倍。太阳残留的白矮星仅靠自己的余热发光，最终也会失去热量，并且冷却成一颗完全看不见的黑矮星。

地球——流浪星球

地球的未来实在令人沮丧。假如地球能在太阳的红巨星阶段有幸存活下来，在太阳寿命终结后地球将会一直存在，没有了太阳的关爱，地球将成为一颗流浪行星，地表上唯一存在的是寒冷、贫瘠、毫无生气的岩石。

银河系——椭圆星系

几十亿年后，无法抗拒的引力作用会引发星系间的大融合现象。银河系、仙女座星系、大小麦哲伦星系以及众多悬浮在本星系群的矮卫星星系、星系团将会聚集在一起，形成更大的星系结构——椭圆星系。银河系和现在完全不同，再也看不到巨大的螺旋结构、圆盘和旋臂。

未来的星空

在异常遥远的未来，银河系将演化成一个巨大、古老的椭圆星系，星系中的恒星将非常稀少，超新星爆发现象也十分罕见，一切都是那么地平静寂寥。那是因为夜空中剩下的所有恒星都是一些温度很低、质量很小、颜色发红的矮星。

黑洞

黑洞体现了宇宙运动的永恒规律：毁灭—重生—再毁灭—再重生。宇宙黑洞犹如一个巨大的旋涡，是由宇宙尘埃在太空其他诸多星系的强大引力作用下，重新诞生出的一个新星系。密度极大、体积极小是其主要特征。

中国航天

从新中国第一颗人造地球卫星上传来的《东方红》的清越乐曲，激发了中国人探索宇宙太空的极大热情。新世纪，神舟系列飞船升空，嫦娥探月启程，经过几代人、几十载的努力，中国航天谱写了一段段的传奇，实现了中国人几千年来的飞天梦。

东方红一号

1970年4月24日，“东方红一号”的发射升空，具有划时代的历史意义。这是新中国发射的第一颗人造地球卫星。

神舟系列载人宇宙飞船

21世纪，我国自主研发设计制造的神舟系列载人宇宙飞船先后成功发射升空，推动着我国航空航天技术一次次实现新突破，在国际上确立了我国航天大国的地位。2003年10月15日，神舟五号载人飞船升空，将我国宇航员杨利伟第一次送入太空；2005年10月12日，神舟六号搭载费俊龙、聂海胜两名航天员升空；2008年9月25日，神舟七号搭载翟志刚、景海鹏、刘伯明三名航天员升空。至此，我国成功完成三次载人航天飞行任务。再到神舟九号、十号、十一号、十二号、十三号，我国实现载人航天飞行任务的连战连捷。2022年6月5日，神舟十四号搭载陈冬、刘洋、蔡旭哲三名航天员成功升空。目前，神舟十五号正在进行紧锣密鼓的组装和测试工作。

嫦娥探月工程

2004年，中国嫦娥探月工程正式启程。嫦娥探月工程按照三个阶段推进：无人月球探测、载人登月和建立月球基地。2007年10月24日，“嫦娥一号”成功发射升空。随后几年里，嫦娥二号、三号、四号先后发射升空，开启了我国航天工程的新里程。

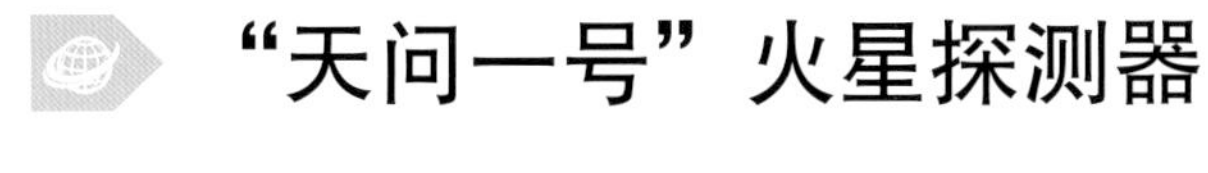

“天问一号”火星探测器

“天问一号”作为我国首个自主研制的火星探测器，于2020年7月23日成功发射升空，拉开了我国自主开展火星探测的序幕，迈出了我国宇宙星际深空探索的第一步。

索引

J

K

L

M

N

P

Q

R

S

T

W

X

Y

Z